이토록 다정한 기술

이토록 다정한 기술

1판 1쇄 발행 2023. 1. 6.
1판 2쇄 발행 2023. 5. 15.

지은이 변택주

발행인 고세규
편집 태호 | 디자인 정윤수 | 마케팅 백선미 | 홍보 최정은
발행처 김영사
등록 1979년 5월 17일(제406-2003-036호)
주소 경기도 파주시 문발로 197(문발동) 우편번호 10881
전화 마케팅부 031)955-3100, 편집부 031)955-3200 | 팩스 031)955-3111

값은 뒤표지에 있습니다.
ISBN 978-89-349-4275-7 03500

홈페이지 www.gimmyoung.com 블로그 blog.naver.com/gybook
인스타그램 instagram.com/gimmyoung 이메일 bestbook@gimmyoung.com

좋은 독자가 좋은 책을 만듭니다.
김영사는 독자 여러분의 의견에 항상 귀 기울이고 있습니다.

이 책의 본문은 환경부 인증을 받은 재생지 그린LIGHT에 콩기름 잉크를 사용하여 제작되었습니다.

이토록 다정한 기술

변택주
지음

AFFECTIONATE
TECHNOLOGY

APPROPRIATE TECHNOLOGY
SUSTAINABLE DEVELOPMENT
ENERGY HARVESTING
ZERO WASTE

지구와 이웃을
보듬는 아이디어

김영사

차례

3. 더 느리게 더 슬기롭게 더 참되게

AFFECTIONATE
TECHNOLOGY
APPROPRIATE TECHNOLOGY
SUSTAINABLE DEVELOPMENT
ENERGY HARVESTING
ZERO WASTE

발걸음 내디디며 올리는 이 글은 사회에 첫걸음 떼거나 일거리를 만들어 업을 처음 세우려는 이들에게 털어놓는 제 마음입니다.

어슴푸레 빨간 치마에 상앗빛 저고리를 입은 이가 눈에 들어옵니다. 찬찬히 살피니 젊은 시절 어머니입니다. '어머니가 저리 곱게 차려입은 적이 있었나?' 갸웃거리며 달려가다가 돌부리에 걸려 넘어지면서 잠이 깼습니다. 벼르고 오셨을 어머니를 눈앞에서 놓친 아쉬움을 달래며 일어나니 바깥이 온통 하얗습니다. 첫눈입니다. 어머니는 제 첫사람이며 첫사랑입니다. 첫눈, 첫발, 첫술, 첫울음, 첫마음…, 처음은 낯설지만 설렙니다. 가장 설렜던 건 초등학교에 들어갈 때였습니다.

그러나 사회에 첫발을 내디딜 때는 두려움에 떨었습니다. 거친 세상길을 헤치고 나아갈 준비가 되어 있지 않았거든요. 소아마비를 앓아 오른 다리를 절던 제가 청소년기 다섯 해 동안 병치레하다가, 키 165cm에 몸무게 47kg으로 세상 앞에 서야 했으니까요. 살길이 막막했습니다. 그래도 죽으란 법은 없는지 병치레하며 하릴없이 만화를 본 덕에 만화가 연수생으로 들어갔어요. 그러나 기쁨도 잠시, 만화 인기가 하늘을 찌를 때라 거푸 밤을 새우다 보니 몸이 견디지 못해 손들고 말았어요. 그렇게 그만두고 나와 다시 일거리를 찾고 있을 때, 한 선배에게 연락이 왔어요. 부인이 양품점을 하는데 아기를 낳아 쉬어야 하니 가게를 봐달라고 했어요. 그렇게 해서 석 달을 일했어요. 그런데 차비 한 푼 받지 못했습니다. 장사가 잘되지 않았거든요. 양품점을 나오니 갈 데가 없었습니다. 결국 시장 어귀에 노점을 펴고, 여름에 찐 옥수수, 겨울엔 풀빵을 팔았습니다. 이듬해 봄, 돈을 챙겨주지 못해 늘 마음을 쓰고 있던 선배와 다시 연락이 닿았습니다. 품삯 대신 선배 친구가 하는 패션디자인 연구소에서 일을 배울 수 있도록 소개해줬습니다. 그렇게 터진 길에서 패션디자인을 가르치다가 기성복회사에서 상품 기획을 하게 됐습니다.

그 뒤로 열여덟 해 동안 패션 회사 경영을 하면서, 경영은 손님과 일하는 사람을 살리는 일이라고 새겼습니다. 그러나 물러나 짚어보니 살리겠다고 애쓴 일이 되려 망가뜨린 적도 있다는 걸 알고 안타까웠습니다. 다른 경영자들은 저 같지 않기를 바라는 마음에서 경영자를 보듬고 북돋기로 했습니다. 이른바 경영 코치지요. 나선 김에 서울산업진흥원에서 창업

코치도 했습니다.

10대 후반 20대 초반 창업자들을 만나면서, 처음 밥벌이하려고 나설 때 제 모습을 떠올렸습니다. '거친 사회로 내딛는 첫걸음이 일거리 만들기라니 멋지다! 퍽 버거울 텐데…' 하고요. 창업은 일자리 찾기가 아니라 일거리를 만들어 일자리 빚기예요. 뭘 새로 만드는 건 힘이 많이 들어요. 그래서 사회에 첫발을 내딛는 젊은이뿐 아니라 나이 들어 창업하는 이들도 처음엔 몹시 서툴러요. 코치를 해보니 경력 30년이 넘은 노련한 이들이 모여 차린 회사도 배밀이를 하고 걸음마를 해야 하기는 마찬가지더라고요. 틀 안에서 주어진 일을 하는 것과 있던 틀에서 벗어나 새로운 틀을 짜는 일은 아주 다르다는 얘기예요. 그래서 새로 걸음을 떼는 이들이 부디 앞을 잘 가려보고 덜 시달렸으면 하는 마음으로, 옹근 살림살이를 펼친 이들을 찾아 틈틈이 알려왔습니다. 그러면서 제가 헤아린 경영은 '살려 사는 길 내기'입니다.

살려 사는 길 내기를 하려면 먼저 우리가 놓인 자리를 살펴야 해요. 돌아볼까요? 70년 전 전쟁으로 온통 잿더미던 나라가 이제 세계 경제 규모에서 열 손가락 안에 꼽히고, 2021년에는 국제연합무역개발협의회UNCTAD 회원국들 만장일치로 선진국이 되었습니다. 그런데 어쩐 일인지 우리나라 사람 자살률은 경제협력개발기구OECD 나라 가운데 가장 높다네요.

돈에 매이면서 내남없이 제 잇속 채우기에 바쁘다 보니 떠밀린 이들이 시달리다 못해 빚어진 일이 아닐까 싶어요. 이 수렁에서 벗어나려면 어찌해야 할까요? 사는 틀과 결을 바꿔야 합니다. 서로 너를 짓밟고 일어서겠다고 나대면 다 죽고, 서로 너를 살리겠다고 나서면 다 살 수 있다는 것을 알아 '살려 살아야 한다'는 말씀이지요.

살려 사는 이들이 빚은 이야기들은 다 물음에서 비롯합니다. '돈에는 어째서 이자가 붙어야 할까?' 하는 물음은 돈을 쓰지 않고 묶어두면 오히려 돈의 가치가 줄어드는 지역화폐를 낳았습니다. 이 돈은 은행에 발이 묶이지 않고 마을 안에서 부지런히 돌고 돌아 마을을 살리고 있지요. '이렇게 아픈 걸 뭐라고 해야 하지?' 시큰거린다고 해야 할지 뭉근하다고 해야 할지 아리송할 때가 적지 않습니다. 이런 아픔들을 열세 가지 그림으로 나타내, 환자가 느끼는 아픔을 의사에게 제대로 드러낼 수 있도록 한 나라가 있어요. '한뎃잠을 자는 이들이 떨지 않게 할 수는 없을까?' 하는 물음에서 태어난 '보금자리 수레'와 '집이 된 옥외광고판'도 있습니다. '시각장애인들이 비장애인 못지않게 삶을 누릴 수는 없을까?' 하는 물음에서 시각장애인과 비장애인이 어울리는 여행 상품을 만든 여행사도 있고요. '죄짓기를 되풀이하지 않도록 할 수는 없을까?' 하는 물음에서 담장을 없애고 죄수복이 아닌 평상복을 입도록 하는 교도소를 만든 나라도 있습니다. '쓰레기를 없앨 수는 없을까?' 하는 말머리를 들고 지구별 살림살이에 힘을 보태는 이들도 적지 않지요.

책에 실린 글들은 살려 사는 살림살이 본보기가 아닐 수 없습니다. 살려 사는 살림살이, 곱씹을수록 참 다정한 말결이에요. 살림살이, 입에 올리긴 쉬워도 말처럼 살아내기란 참 어려워요. 짝이 없이는, 혼자서는 어렵거든요. 남을 돌려세워 우리를 이루며 지어가야 해요. 아니, 남이라고 잘못 알았던 또 다른 나와 어깨동무해야 해요. 여럿이 어깨동무하며 걸어야 길이 납니다. 예수님도 열두 제자를 비롯해 많은 사람과 더불어 길을 냈고, 부처님도 천이백 아라한과 많은 이를 아울러 길을 냈습니다. 수도는 '길 닦음'이고, 득도는 '길 얻음'이에요. 몇몇이 함께 걸으며 낸 길을 모든 이가 더불어 거닐며 다질 수 있으니 오죽 좋아요.

우리 같이 걸을까요?

무엇이나 오래 걸리는 늘보
택주 비손

1부

이웃을 보듬고 살피는 아이디어

이자 없는 은행

> "그동안 너무 많은 도움을 주셔서 감사합니다. 창피하지만, 며칠째 아무것도 못 먹어서 남는 밥이랑 김치가 있으면 저희 집 문 좀 두드려주세요."

2011년 1월, 시나리오 작가 최고은이 고달픈 삶과 병에 시달리다 세상을 떠나기 바로 직전에 남긴 쪽지입니다. 그로부터 네 해가 지난 2014년 2월, 송파에 사는 세 모녀가 돈 70만 원을 집세와 공과금으로 가지런히 놔두고 스스로 목숨줄을 끊으면서 "정말 죄송합니다"라고 적바림해놓아 사람들을 울렸습니다. 큰딸이 오래도록 앓았는데 어머니가 일자리를 잃어 힘들어했다고 합니다. 그 뒤로 세상은 얼마나 달라졌을까요?

 녹록치 않기는 마찬가지입니다.

두루 잘 살겠다고 만든 돈은 없어서는 안 될 물건과 사람을 잇는 끈이 되기도 하고, 사람과 사람을 이어주는 다리 구실도 하며, 여리고 서툰 이들을 보듬어주는 버팀목이나 지렛대가 되기도 합니다. 그러나 좋던 사이를 갈라놓을 수도 있고, 자비롭지 않은 권력에 힘을 실어주기도 합니다.

오늘날 세상은 '돈과 이자'라는 두 가지 축으로 돌아갑니다. 국제 금융 시장은 하루 5조 달러 남짓한 돈이 이리저리 넘실거리며 흐릅니다. 2019년 4월만 놓고 보면, 하루에 6조 6천 달러나 돌아다녔다네요. 놀라운 건, 이 가운데 물건이나 서비스를 바꿔주며 제구실하는 돈은 겨우 2%밖에 되지 않는다는 데 있습니다. 나머지는 돈 놓고 돈 먹으려는 투기자금입니다.

중세 서양에서 돈은 물건을 바꿔 쓰는 매개이기에, 돈을 쓰는 데 값을 치러야 했습니다. 돈을 사는 수수료를 매겼기 때문입니다. 그래서 돈이 지닌 쓸모보다 값을 더 내야 비로소 돈값을 할 수 있었습니다. 처음 돈을 살 때뿐 아니라 헌 돈과 새 돈을 바꿀 때마다 10 대 9 또는 10 대 8 비율로 바꿔야 했지요. 돌아보면 사람이 빚어낸 물건은 모두 쓰면 쓸수록 값이 내려가 감가상각합니다. 그런데 교환가치 말고는 아무짝에 쓸모를 찾기 힘든 돈만은 가만히 놔두기만 해도 거듭 불어납니다. 이게 바람직할까요?

작아도 커다란 이슬람 금융

2007년과 2008년, 세계 금융 위기를 겪고 나서 세계 사람 눈길이 온통 이슬람 금융으로 쏠렸습니다. 이슬람 인구는 18억 명으로 세계 인구 25%에 가깝습니다. 그러나 이슬람 금융의 규모는 겨우 세계 금융 총 자산 가운데 1%에 지나지 않습니다. 그런데 갑자기 이목을 끌었던 까닭이 뭘까요? 신자유주의 첨병 구실이라도 했던 것일까요? 아닙니다. 그렇다면 연평균 15%에서 20%가 넘는 가파른 성장세를 보이며, 2013년 총 자산이 1조 6,000억 달러 규모로 자란 까닭이 어디 있을까요?

이슬람 금융은 이슬람법 '샤리아'에 뿌리를 둔 금융 거래입니다. 샤리아에서는 화폐에 시간 가치를 두는 것을 용납하지 않습니다. 돈을 상품으로 보지 않아서, 돈을 빌려주는 대가로 이자를 받을 수 없습니다. 오롯이 실물거래에 따른 상거래로만 돈을 벌 수 있습니다. 이슬람 금융 원칙은 다음과 같습니다.

> ① 이자를 받아선 안 된다.
>
> ② 손에 잡히지 않는 투기상품에 투자하지 않는다.
>
> ③ 도덕에 어긋나는 거래는 하지 않는다.
>
> ④ 이익과 위험을 함께 나눈다.

이슬람 금융의 허브인, 말레이시아에 있는 이슬람 은행.

이렇게 이슬람 금융은 이자가 아닌 배당으로, 금융기관과 손님이 어깨동무하여 수익과 손실을 합의에 따라 비율로 나눕니다. 실물 자산 교환만을 받아들이기 때문에 파생상품이나 예기치 않은 채무 거래는 하지 못하도록 막습니다. 실물거래 채권이라 하더라도 술이나 돼지고기, 도박, 무기, 담배, 언론, 유통에는 투자하지 않습니다.

이슬람 금융에서 샤리아에 따라 발행되는 채권을 '수쿠크Sukuk'라고 합니다. 수쿠크는 투자자에게 때맞춰 이자를 주는 대신 투자에서 나온 수익을 배당금 형태로 줍니다. 수쿠크가 운용되는 방식은 크게 다섯 가지가 있어요. 먼저 무라바하Murabahah는 금융기관이 소비자 대신 물건을 사주고 이후 원금과 수수료를 나눠 받는 제도로, 이슬람 은행 대출액 가운데 60%를 차지합니다. 이스티스나Istisna는 금융기관이 생산자에게 돈을 대주고 그렇게 해서 만든 물건을 팔아서 남은 이익을 나누는 제도입니다. 이자라Ijara는 금융기관이 설비나 건물을 미리 사서 사업자에게 빌려주고 이용료를 받는 제도입니다. 무다라바Mudarabah는 금융기관이 사업자에게 출자 형식을 빌려 돈을 대주고 이익이 나면 원금과 수익 일부를 거둬들이는 제도로, 금융기관이 그 사업 지분을 가지고 참여하여 투자 신탁 기능을 합니다. 무샤라카Musharaka는 금융기관이 사업자와 공동 출자하여 그 손익을 합의된 비율에 따라 나누는 제도로, 여기서 금융기관은 단순히 자금만 대주는 것이 아니라 공동 출자자로서 사업 경영에도 참여합니다. 이 다섯 가지 제도 모두 서로를 살리는 살림 경영이지요.

스웨덴 야크 은행.

돈은 돈벌이 수단이 아냐

스웨덴 협동조합은행 야크 은행JAK Medlemsbank도 빚에 겨워 살아가는 어려운 이웃을 보듬으려고 1930년대 초에 만들어져 1997년에 인가를 받은 은행입니다. 그런데 이 은행도 이슬람 은행처럼 이자를 받지 않습니다. 돈을 돈벌이 수단이 아니라 물건이나 서비스를 바꾸어주는 다리로 보기 때문이죠. 대출해 줄 돈을 조합원들이 저축한 돈으로 메워 서로를 보살핍니다. 이자 대신 은행을 돌릴 수 있을 만큼만 수수료를 받아 살림을 꾸려도, 100년 가까운 세월 오래도록 살아남아 여태도 조합원을 보듬고 있습니다.

묶어둘수록 깎이는 돈

킴가우어Chiemgauer는 독일 뮌헨 가까이 있는 프리엔, 로젠하임, 트라운슈타인 같은 작은 도시에서 쓰이는 지역 화폐입니다. 이 돈은 일반 돈과는 사뭇 다릅니다. 쓰지 않고 묶어두면 이자가 붙기는커녕 석 달마다 화폐 가치가 2%씩 줄어듭니다. 1년이면 8%가 사라지지요. 이렇듯 돈이 돈을 버는 투자 수단이 아닌 적극 소비 수단이 됩니다. '돈이 실물경제를 튼튼히 이어주는 구실을 해야 한다'는 데 밑절미를 두는 통화 제도이지요. 마이너스 이자로 아름다운 소비를 실현한 킴가우어는 이곳 고등학교 경제 교사 크리스티안 겔레리Christian Gelleri가 2003년 지역 사업 활성화 학교 수업 프로젝트로 생각해낸 돈입니다. 지역 경제가 살아나려면 물건과 서비스 교환이 불처럼 일어나야 하는데, 그러려면 돈이 통로 구실을 해야 합니다. 그래서 돈이 고여 있는 걸 막고 계속 흐르도록 만든 것입니다. 이 돈은 지역 공동체 합의로 이곳에서만 쓸 수 있기 때문에, 지역 안에서 돌고 돌 수밖에 없습니다. 지역 상점에서 유로화와 1 대 1로 바꿀 수 있으며, 소비자들이 유로를 킴가우어로 바꿀 경우 3%를 자신이 선택한 비영리 단체에 기부할 수 있습니다. 돈만 바꾸면 추가 비용 없이 지역을 위한 다양한 활동에 힘을 보탤 수 있는 거지요.

킴가우어.

— 서로 살리는 청년연대은행

경제 자립과 품은 꿈을 빚으려는 젊은 조합원 150명이 힘 합쳐 모은 돈 1,500만 원으로 2013년 2월 첫걸음을 뗀 은행이 있습니다. 청년연대은행 토닥은 세운 지 두 해 만에 조합원이 335명으로 늘고, 출자금도 5,000만 원을 넘겼습니다. 2022년 11월 조합원 397명에, 출자금은 1억 4,500만 원, 누적 대출 수는 462건, 누적 대출금은 3억 8,700만 원입니다.

토닥이 남다른 까닭은, 이자를 대출받은 사람이 내고 싶은 대로 낸다는 데 있습니다. 이것만으로도 품이 따뜻한 은행인데, 한 발 더 나아가 맞춤 재무 관리 교육까지 합니다.

2011년 1월, 우리나라 세대별 노조 청년유니온 페이스북 페이지에 쌀이 떨어져 굶고 있다는 한 조합원 글이 올라옵니다. 조합원들이 앞다퉈 쌀이나 생활비를 보태겠다고 나섭니다. 모금하자는 의견도 나옵니다. '서로 함께하니 참 따뜻하구나' 하고 느낀 청년유니온 식구들은 누가 먼저랄 것 없이 어깨동무해 스스로 일어설 수 있는 상호부조 모둠을 만들자는 얘기를 합니다. 같은 해 청년유니온은 함께일하는재단·희망청과 함께 비정규직·아르바이트생·구직자 실태 조사를 합니다. 응답자 가운데 48.5%가 빚이 있었는데, 평균 부채 규모는 1,018만 원이었고, 한 해 사이 급하게 돈을 빌렸다는 응답자도 30.9%나 됐습니다. 생활비(51%) · 학자금(21%) · 주거비(12%) 마련 때문이었습니다.

젊은이들이 뜻을 세워, 갑작스러운 병원비 따위를 내기 버거울 때 함께 풀어나가자며 빚은 '토닥'. '한 달에 1만 원씩은 모을 수 있지 않을까?' 갸웃거리며 마음을 모읍니다. 1만 원, 누군가를 돕기엔 턱없이 모자라지만, 모이면 다릅니다. '서로 부담스러운 이자를 물 것 없고 낯 뜨겁지 않게 돈을 빌리자.' 이런 마음이 모여 문을 연 '토닥'은 처음에는 많아야 50만 원을 빌릴 수 있었는데, 요즘엔 100만 원까지 빌려줍니다.

토닥은 돈을 빌려주는 데서 멈추지 않고 성큼 더 나아갑니다. 수입이 없는 상황에서 대책 없이 돈을 빌리고 나면 갚아야 할 대출금만 늘어나고 맙니다. 숨 막히는 채무 악순환을 막고 튼튼한 삶을 빚으려면 무엇보다 재무 교육이 중요하다고 생각한 토닥은 청년지갑트레이닝센터를 엽니다. 청년지갑트레이닝센터는 금융·재무 관련 생활밀착형 실전 지식을 알려주는 돈 관리 하루 트레이닝 코스입니다. 스트레스받지 않고 가계부를 쓸 수 있도록 도와주는 재무 관리 워크숍을 다달이 한두 번씩 엽니다.

이곳에서 빚은 '꿈꾸는 가계부'를 넘겨보면, 해보고 싶은 것을 마음껏 써보는 '꿈 지도 그리기'가 있습니다. 상담자와 내담자가 머리 맞대고 일어날 수 있는 일을 하나하나 짚어가며 차근차근 꿈으로 나아갑니다. 한 달 지출을 세세하게 짚어본 다음, 어떤 데 뜻을 두어 돈을 쓰는지 살핍니다. 어떤 뜻을 살려 돈을 쓰며 살아가야 할지를 일러주는 길라잡이 청년지갑트레이닝센터. 가계부를 써서 무엇을 이루려 하는지가 중요하다고 일깨웁니다.

토닥 홈페이지를 열면 "위로와 공감의 대안금융공동체"라는 말이 방문객을 반깁니다. 그리고 조합원 게시판에는 토닥에서 도움받은 조합원들이 풀어놓은 이야기가 가득합니다.

"토닥에서 받은 첫 번째 대출금 50만 원, 8년간 직장생활하느라 도장 하나 없던 내 여권, 남루하게 느껴졌던 제 삶에 베트남 도장을 쾅 찍게 해주어 제 인생을 예찬할 수 있었습니다."

"당장 점심 값도 교통비도 없는 상황에서 토닥 대출은 가뭄에 단비와도 같았습니다. 돈도 돈이지만 청년들이 서로 연대하는 청년연대은행 토닥이 매우 따뜻한 위로였습니다."

대출받은 돈으로 베트남을 찾아 삶에 활기를 찾았다는 젊은이, 옴짝달싹할 수 없을 때 대출을 받아 숨통을 틀 수 있었고 위로가 되었다는 젊은이 말에 토닥이 자리 잡을 수밖에 없는 까닭이 고스란합니다.

청년연대은행 토닥 홈페이지.

26

굶주림 없는 세상

먹을거리가 넘쳐나는 세상이라지만 밥 한 그릇처럼 가깝고도 먼 것이 없습니다. 그런데 이 거리를 줄여 서로를 살리는 식구가 되자며 두 팔 벌리고 나서는 이들이 있습니다.

— '한 끼 먹을 권리'를 나누는 사람들

일본 도쿄 헌책방 거리 진보초에 있는 한 건물 지하, 주방에 ㄷ 자로 붙어 있는 식탁에 걸상이 12개밖에 놓이지 않은 조그만 밥집이 있습니다. 날마다 메뉴가 바뀌는 한 가지 메인 음식에다 국과 밑반찬 세 가지가 곁들여지는 '미래식당未来食堂'입니다. 종업원도 없이 주인 혼자 요리하고 서빙하는 이 밥집에서, 점심때 손님이 적어도 3회전, 많게는 10회전을 하기도 한답니다. 길지 않은 점심시간에 서른여섯이나 되는 손님을 치러야 하는 3회전도 쉽지 않을 텐데, 백 사람도 넘는 손님을 혼자서 치르는 날도 있다니 마법이라도 부리는 걸까요? 비결은 여느 밥집과는 남다른 시스템에 있습니다.

이 집에서는 누구라도 50분 알바를 하면 '밥 한 끼'를 먹을 권리를 줍니다. 밥값은 한 끼에 900엔, 일본 음식점에서 아르바이트를 하는 사람의 평균 시급 1,000엔과 같은 수준입니다. 알바를 한 삯을 '돈'이 아닌 '밥'으로 치릅니다. 밥값 원가가 300엔 안팎이니 알바가 허드렛일만 해줘도 남는 장사입니다. 인건비를 줄이려고 그런 게 아닙니다. 한 끼 알바는 낯모르는 사람과 사이를 잇는 일입니다. '밥 한 끼 주기'와 '밥 한 끼 먹을 권리'는 얼마나 다를까요? 권리는 다른 사람에게 넘길 수도 있습니다. 알바를 하고 나서 굳이 한 끼를 먹지 않아도 되는 사람들은 받은 식권을 벽에 붙여두고 갑니다. 땀 흘려 얻은 밥 먹을 권리를 낯모르는 배곯는 이에게 내어준다는 말이지요.

가게 주인은 일본 레시피 검색 사이트 '쿡패드'에서 엔지니어로 일하던 고바야시 세카이입니다. 정규직은 사장 한 사람이지만, 한 해에 400명이 넘는 사람이 알바를 합니다. 한 해에 400여 명이라고 해봤자 하루 한두 사람이 알바를 할 뿐인데, 짧은 점심시간에 어떤 날은 100명 가까이 되는 손님을 치른다니, 참말일까요? 줄을 서서 차례가 오면 엉덩이가 의자에 닿기 전에 식판이 바로 나옵니다. 손님들은 밥을 제 양껏 스스로 퍼 와서 먹는데, 자리를 빨리 비울수록 좋은 일에 힘을 보탤 수 있다고 생각합니다.

우리는 다른 사람을 도울 때 어떤 마음일까요? 쌀 또는 연탄, 김장 따위를 어려운 이웃과 나누면서 흔히 사진을 찍어 남깁니다. 도움을 받는 이들은 사진 찍히는 일이 기꺼울까요? 그런데 미래식당에서는 도움을 받는 사람이 어색한 웃음을 짓지 않아도 됩니다. 눈치 볼 것 없이 '식권'을 떼어내 밥을 먹으면 되니, 도움을 주는 사람과 겸연쩍은 낯빛으로 맞닥뜨리지 않아도 된다는 말이지요.

한 끼 알바는 하루에 한두 명꼴로, 식당 일을 배우러 찾아온 사람도 있고 호기심 많은 중학생도 있는데, 대부분이 가게 둘레에서 일하는 회사원입니다. 청각장애인으로 한 끼 알바를 한 어떤 이는 종이집에 젓가락을 넣는 일을 했습니다. 서투르고 굼뜰지라도 그리 문제가 되진 않았습니다. 그러나 주방 일을 배우고 싶은 사람이라면 '위생검사를 받지 않은 사람은 식재료를 만질 수 없다'는 규칙에 따라야 합니다. 밥집 운영 비결을 배우려는 이들은 일찍부터 와서 일하기도 하는데, 일곱 끼 식권을 모조리 벽에 붙여두고 가기도 합니다. 배운 것을 주인에게 되갚는 것이 아니라, 낯모르는 사람에게 베푸는 것이지요. 밥집 주인은 '한 끼 식권=900엔'이라는 틀을 내려놔야 한다고 말합니다. 한 끼 식권으로 밥을 먹을 때 '어떤 이가 돈을 냈다'라고 생각할 게 아니라 '어떤 이가 내게 한 끼 주려고 50분이나 일했다'고 받아들여야 한다는 것이지요. 거리낌 없이 도움을 받고 그것이 시간이든 돈이든 넉넉할 때 되돌리면 그만이라는 '나선형 커뮤니케이션'입니다.

2016년 1월, 처음 한 끼 식권 서비스를 펼치고 나서 이제까지 식권이 한 장도 붙어 있지 않았던 날은 없었습니다. 미래식당이 펼치는 나눔 비결을 배우고 싶은 분은 고바야시 세카이가 쓴《당신의 보통에 맞추어드립니다》를 읽어보세요.

미래식당에서 식사하는 사람들.

쌀밥에 국 한 그릇, 반찬이 세 가지 놓인 백반 한 상에 1,000원을 받는 밥집이 있다면 믿어지세요? 있답니다. '천원 밥집'이라고 알려진 이곳은 광주시 대인시장에 있는 '해뜨는식당'입니다. 밥과 국, 반찬은 얼마든지 더 먹어도 된다는데, 일주일에 한 번은 고기나 생선도 나온다고 합니다. 이 밥집은 2010년에 문을 열어 이제(2022년 12월)까지 한 번도 밥값을 올리지 않았습니다. 이곳을 찾는 이들은 노점상, 일용직 근로자, 홀로 사는 어르신처럼 형편이 어려운 사람들입니다. 하루에 100명 남짓한 손님이 이곳을 찾습니다.

밥집 문을 연 사람은 김선자 할머니. 할머니는 하던 사업이 망하고 갖은 어려움을 겪으면서 돈이 없어 밥 한 끼 제대로 떠먹을 수 없는 설움이 얼마나 큰지 뼈저리게 느낍니다. 길거리에 나물 만 원어치 팔러 나온 할머니가 몇천 원 하는 밥을 어떻게 사 먹을 수 있겠느냐면서, 우리가 먹는 밥에 숟가락 하나 더 놓는 마음으로 어려운 이들이 자존심 구기지 않고 떳떳하게 밥 한 끼 먹을 밥집을 차립니다.

열면서부터 적자가 날 수밖에 없는 구조, 어떻게 이어올 수 있었을까요? 자녀들에게 받은 용돈으로 꾸려갑니다. 이따금 이웃들이 힘을 보태기도 하고요. 그러나 한 차례 문을 닫기도

해뜨는식당에서 식사하는 사람들.

했습니다. 2012년 대장암 말기 판정을 받아 밥집 문을 닫을 수밖에 없었습니다. 치료비도 대기 어려운 처지였으나 딱한 사정이 알려지면서 시장 상인들이 힘을 보태 내부 수리도 하고 물품도 보내줘 한 해가 지난 2013년에 다시 문을 엽니다. 할머니가 앓는 동안에는 시장 상인들이 돌아가며 밥집 살림을 맡았습니다. 2014년 1월, 몸이 좀 나아지자 다시 나와 일을 하던 할머니는 2015년 설날 즈음 다시 건강이 나빠지면서 같은 해 3월에 돌아가셨습니다. 이제는 따님인 김윤경 씨가 그 뜻을 이어받아 살림하고 있습니다.

《노컷뉴스》 김현정 기자가 김윤경 사장에게 가장 기억에 남는 손님을 물었습니다. 김윤경 사장은 공무원 시험 준비하던 젊은이 이야기를 했습니다. 시험 준비하는 기간에 부모님께 용돈을 타는 처지여서 3년 동안 날마다 와서 밥을 들던 젊은이가 마침내 공무원이 되어 연말이나 설이면 해뜨는식당에 찾아와서 기부를 한다고 합니다.

— 형편껏 내고 마음껏 드세요

독일 뒤셀도르프에도 남다른 식당이 하나 있습니다. 한 달 돈벌이가 770유로(약 110만 원)를 밑도는 사람에게는 밥값을 반만 받는 '경계없는밥집'입니다. 소득을 증명해야 한다는 번거로움이 있지만, 실업자, 어르신, 노숙인을 비롯해 다양한 사람이 찾아온답니다. 그러나 제값을 다 내고 가는 동네 사람들도 적지 않다네요. 내가 낸 돈이 덜 내는 이들을 위해 쓰일 수 있도록 하겠다는 이들이지요. 이 이야기를 듣고 문을 연 우리나라 밥집이 있습니다. 2007년 5월에 문을 연 '문턱없는밥집'입니다.

비닐 덮개도 쓰지 않는 유기농법으로 농사를 지으며 마을 자체가 배움터인 변산공동체학교를 세운 농부 철학자 윤구병 선생이 경계없는밥집 이야기를 듣고 문을 연 유기농 밥집입니다. 문턱없는밥집은 경계없는밥집보다 한술 더 뜹니다. 손님에게 얼마를 버는지 묻지도 따지지도 않을뿐더러 값은 매겨져 있으나 돈이 없는 사람은 그냥 먹고 나가도 됩니다. 형편껏 내고 싶은 만큼 돈통에 넣고 나가도록 했어요. 돈을 돈통에 넣으니 적게 낸다고 눈치 보지 않아도 되지요. "맛있게 먹었습니다. 밀린 밥값 내고 가요" 하면서 한 젊은이가 돈통에 만 원짜리 몇 장을 넣고 갑니다. 일자리를 잃고 하루 라면 한 끼를 먹기도 힘들었는데, 문턱없는밥집 이야기를 들었답니다. 망설이다가 밥집에 와서 처지를 털어놓습니다. 관리자는 빈 그릇을 내주며 "드실 만큼 담아 드시고, 그릇은 말끔히 비워 주세요"라고 말합니다. 점심때마다 와서 먹고 갔던 젊은이가, 취직하고 나서 그동안 내지 못한 밥값을 낸 것입니다.

문턱없는밥집에서 식사하는 사람들.

달걀부침을 비롯해 모두 유기농으로 마련한 식단은 뷔페식으로 손님 스스로 가져다 먹으면 됩니다. 반찬 일고여덟 가지를 덜어다 비벼 먹도록 하고 있습니다. 밥을 비롯해 모든 반찬과 국은 양껏 가져다 먹으면 됩니다. 꼭 지켜야 하는 것이 하나 있는데, 무엇을 가져가든지 다 먹고 그릇을 깨끗이 비우는 것입니다. 다 먹고 난 밥그릇과 국그릇에 숭늉을 부어 짠지나 오이 쪽으로 고춧가루 하나도 남김없이 말끔히 닦아 먹고 반짝반짝한 빈 그릇만 남겨야 한다는 이야기입니다.

처음에는 '음식과 약은 한 뿌리며, 옹근 음식을 먹으면 튼튼하게 살 수 있다'란 뜻을 담아 (재)민족의학연구원이 밥집 살림을 맡아 했습니다. 가게가 민족의학연구원 건물에 있는 터라 집세를 내지 않는데도 다달이 수백만 원씩 적자가 났습니다. 따로 수익사업을 하지 않는 재단으로서는 메울 길이 없어 하는 수 없이 2012년 12월, 문을 닫기로 합니다. 그런데 이 밥집에서 밥을 먹던 이들이 문을 닫아서는 안 된다면서 사회적 협동조합을 만들어 이듬해 3월, 되살려냅니다. 그렇게 몇 해 이어오다가 마포구 성미산 마을로 옮겨와서 로컬푸드 농가들과 어깨동무하며 그 뜻을 이어가고 있습니다.

시니어 집밥 공유 네트워크

세가 비싼 도시에 사는 요즘 젊은이들 사이에는 더불어 한 공간을 쓰는 셰어하우스가 흐름입니다. 아울러 핫하다는 레스토랑에 가서 함께 밥 먹기를 즐깁니다. 그런데 어르신들은 젊은이들과는 달리 집밥을 좋아합니다. 성치 않은 몸을 이끌고 다니지 않아도 되고 마음 놓고 먹을 수 있기 때문이지요. 요즘 아무리 혼밥, 혼술이 대세라지만, 어쩔 수 없이 홀로 밥 먹기는 서글프기 그지없는 일입니다. 오래 홀로 사셔서 혼밥에 젖어 있던 법정 스님과 같은 어른도 혼자 수저를 들 때마다 자동차에 주유하는 느낌이 든다고 하셨지요.

혼밥을 해야 하는 어르신들을 외로움에서 벗어나게 하겠다며 소매를 걷어붙인 기업이 있습니다. 영국 시니어 집밥 공유 네트워크 캐서롤 클럽Casserole Club입니다. 캐서롤은 오븐에 넣어 천천히 익혀 만드는 덮밥으로 가정식 요리입니다. 집에서 함께 음식을 만들어 먹을 수 있도록 취향이 비슷한 사람을 이어주거나, 제가 만든 음식을 나눠 먹을 수 있도록 이웃을 맺어주는 서비스를 합니다.

캐서롤 클럽은 유연한 활동을 지향하기 때문에 정기적으로 음식을 나누어야 하는 것은 아닙니다. '오늘은 왠지 내가 만든 음식을 이웃과 나누고 싶다' 또는 '방금 만든 음식이 혼자 먹기에는 너무 많다'라는 생각이 들면, 그때그때 캐서롤 클럽에 들어가 요리를 등록하면 됩니다. 단 한 번이라도 이웃과 음식을 나누는 것이 중요하지요.

캐서롤 클럽 사이트에 들어가면, '캐서롤 클럽 요리사 되기'라는 메뉴가 있습니다. 이를 따라 들어가면 "가끔 음식을 넉넉하게 만들 수 있다면, 오늘 캐서롤 클럽 요리사가 되세요. 우리는 당신이 만든 요리 한 가지와 당신의 따뜻한 마음에 기뻐할 이웃을 이어드립니다"라는 말이 뜹니다. 어떤 이웃들이 집밥을 같이 먹으면서 무엇을 누리고 있는지 본보기도 나오고요.

또래 할머니, 할아버지끼리 음식을 나누기도 하지만, 젊은 엄마가 아이들과 함께 혼자 사시는 할머니나 할아버지 집을 찾아가 음식을 함께 먹으며 세상 사는 이야기를 나누기도 합니다. 회원 가운데에는 "얼마 떨어지지 않은 곳에 혼자 사는 어르신이 있다는 사실을 모르고 지냈는데, 캐서롤 클럽 덕분에 둘도 없는 친구가 생겼어요" 하며 기꺼워하는 이들이 적지 않습니다.

캐서롤 클럽 소개 영상.

값을 매기지 않은 채소

넉넉한 세상이라지만 여전히 굶주리는 사람이 적지 않은데, 못생겨서 버림받는 채소가 어마어마합니다. 제때 임자를 만나지 못해 상해서 버려지는 채소도 많고요. 싱그러워야 하는 채소는 운송과 보관 기간이 길어지면 무르거나 썩기 마련이니까요.

여기 돈은 형편껏 내라며 문을 연 식료품 가게가 있습니다. 재거 고든Jagger Gordon 셰프가 캐나다 토론토에 연 피드 잇 포워드Feed It Forward입니다. 이 가게에서 파는 과일과 채소는 여느 식료품 가게와 그리 달라 보이지 않습니다. 그런데 모든 채소를 손님이 마음대로 값을 매겨 가져가도 좋다고 합니다. 돈은 주인이 받지 않고 손님이 직접 저금통처럼 생긴 통에 넣고 나갑니다. 돈 내지 않고 그냥 가져가도 아무 말도 하지 않습니다. 손해 보고 파는 거 아니냐고요? 그렇게 할 수 있는 비밀은 두 가지, 이 가게에 있는 채소를 비롯한 식료품은 못생겼거나 유통기한이 얼마 남지 않았기 때문입니다.

고든은 "버리려고 하는 것을 가져와 딱한 지경에 놓인 사람들에게 주는 간단한 과정입니다. 흠이 있을 수 있지만, 배고픈 사람들에게 도움이 되기를 바랍니다"라고 밝힙니다. 고든이 식료품 가게 문을 열면서 내세운 경영 철학도 두 가지입니다.

피드 잇 포워드 내부. | QR코드: 피드 잇 포워드 홈페이지.

첫째, 음식물 쓰레기를 줄이고, 둘째, 어려운 이웃이 밥 걱정 덜도록 하려는 데 뜻을 뒀습니다. 이른바 '어진 소비' 철학입니다. '어진 소비'에 힘을 모으겠다면서 여느 마트보다 더 많은 돈을 내고 가는 손님도 적지 않습니다. 어려운 처지에 놓인 사람들은 형편이 좋아지면 더 많이 내겠다고 다짐하면서 그냥 가져가기도 합니다.

꿈꾸는 신발

남아프리카에 있는 말라위는 한 가정 벌이가 하루 3달러도 안 되는 나라입니다. 나라 살림 절반은 해외 원조에 기대고 있답니다. 그러나 해외 원조는 힘 있는 사람들이 나누고 나면 서민들 차례까지 내려오지 않습니다.

SBS 다큐멘터리 〈희망TV〉 '인간을 위한 디자인'에서 아이큐브I-CLUE 대표 이진영에게 출연해달라고 손을 내밉니다. 누구를 보듬겠다고 생각해본 적이 없던 디자이너 이진영은 가진 재능을 나누자는 뜻이 좋아 기꺼이 함께합니다. 촬영진과 함께 찾아간 말라위 차세타 마을은 어렴풋이 '엄청 가난하겠지' 하던 생각이 사치였을 만큼 메말랐습니다.

"정말 아무것도 없었어요."

이진영은 클레멘트네 집에서 묵었습니다. 클레멘트는 어려서 아버지를 여의고 에이즈 환자인 어머니와 동생 저스티스와 함께 사는 소년 가장이었습니다. 클레멘트가 어깨에 짊어진 짐은 학교를 오가며 동생을 돌보는 수준이 아닙니다. 물 긷기와 땔감 줍는 일을 하루 서너 차례 하고 나면 해가 저물 만큼 고단합니다. 고달픈 건 클레멘트만이 아닙니다. 하루 내 숲을 헤집고 다니는 동네 아이들은 모두 신발이 없어서 발이 부르트고 찢기고 곪아서 쉬파리가 들끓고 있었습니다.

이진영은 먼 데까지 가서 물을 길어오거나 나무하는 일로 하루를 다 쓰게 하지 않으려면 무엇을 어떻게 해야 할까 궁리하다가 '지게'를 떠올립니다. 설계도를 그려 읍내 목수를 불렀습니다. 만들고 보니 목재 값이 만만치 않아 부담이 컸습니다. '이래서는 아무런 도움도 되지 않겠구나' 생각한 이진영은 둘레에 흔한 나뭇가지를 엮어 다시 지게를 만들어봅니다.

곪고 짓무른 아이들 발은 어찌해야 할까요? 신발 한두 켤레를 사준다고 해도 다 닳고 나면 다시 맨발이 될 수밖에 없는데. 이진영은 이곳에서 흔한 재료를 써서 만들어 신는 DIY 신발을 떠올립니다. 커피 포대로 몸체를 삼고 폐타이어를 밑창 삼아 신발을 만들어 신겨야겠다는 생각을 합니다. A4 용지 두 장을 이어 붙여 이리 오리고 저리 접어 신발 몸통 모형 만들기를 100여 차례 시도한 끝에 설계도가 나왔습니다.

이진영 대표가 만든 DIY 신발을 신고 있는 아이들.

> "아이들 발을 보고 얘기를 나누면서 눈물을 펑펑 쏟았던 기억이 떠올랐어요. 버리고 버리고 또 버리기를 100여 번, 미니어처를 만들면서 밤을 하얗게 새웠어요. 허술하기 그지없었죠. 아이들한테 그랬어요. '만들어 신다 보면 편치 않을 수도 있다. 불편하다 싶으면 거듭 고쳐야 한다. 나아가 너희 문화에 맞는 스타일도 만들어보면서 가치를 높이려고 끊임없이 힘써야 한다.'"

이튿날, 마을 사람들과 둘러앉아 신발을 만듭니다. 남다른 관심을 보이며 열심히 따라 하던 한 아이가 "어떻게 하면 잘 살 수 있나요?" 하고 묻습니다. 더 나은 삶을 살겠다는 뜨거운 눈빛을 바라보며 이진영은 말합니다.

> "우리나라는 수차례 전쟁을 겪어 나라 전체가 잿더미가 되었어. 그런데 맨주먹으로 일어섰지. 그러니 너도 이 도안으로 식구들이 신을 신발을 만들면서 솜씨를 갈고닦아 가정경제를 일으켜보렴."

지게야 한 가정에 하나면 되니까 별문제가 없지만, 신발 만들기는 잘만 하면 살림을 불릴 수 있는 밑절미가 됩니다. 이진영은 서울로 돌아와 신발 만드는 방법과 도면을 다듬고 또 다듭니다. 소년 가장 클레멘트를 떠올리며 '클렘KLEM 프로젝트'라고 이름 붙입니다. 한 달 뒤 다시 돌아가 잘 다듬어진 도면으로 다시 가르칩니다. 반응이 뜨거웠습니다. 끊임없이 자극을 주지 않으면 이어지기가 힘들겠다는 데 생각이 미친 이진영은, 마침 그곳에서 여성 생리대 만드는 교육을 꾸준히 하는 우리나라 NGO 지사 사람들에게 자료를 넘깁니다. 생리대 만들기를 가르칠 때 신발 만들기도 함께 가르쳐달라고 부탁합니다.

그 뒤로도 이진영은 '적정기술페스티벌' 워크숍에 함께합니다. 사업 계획서를 만들어 클렘 프로젝트 기틀을 세우고, BI Brand Identity까지 옹골차게 마무리합니다. 두루 나누려는 생각에 고스란히 해외 블로그에 올렸는데 울림이 컸나 봅니다. 노스캐롤라이나주 뉴베른에 사는 미츠라는 이가 관심을 갖고 연락해왔습니다. 화상 통화를 몇 차례 하고 도안을 보냈더니, 직접 만들어보고는 유니세프 지원을 받아 캘리포니아대학교 학생들과 더불어 2014년 6월부터 클렘 프로젝트를 펼칩니다. 또 타이완 타이베이에 있는 의과대학 의료봉사단이 같은 해 5월 스와질란드로 봉사활동을 가는데, 위생교육과 더불어 클렘 프로젝트도 함께 알리겠다고 나섰습니다. 그 밖에 여러 곳에서 클렘을 퍼뜨리겠다며 메아리칩니다.

"넓디넓은 누리, 먼지처럼 뵈지도 않는 제가 한 일을 보고 세계 곳곳에서 반응해요. 클렘 프로젝트, 이 작은 날갯짓 하나가 물에 떨어진 잉크 방울처럼 퍼지는 것을 보면서, 무척 기뻤어요."

제 앞가림하는 클렘 프로젝트, 나라 밖에서만 쓰여야 할까요? 부모들이 아이들과 신발을 함께 만들어 신어도 좋을 것입니다. 물건을 사서 쓰기보다 만들어 쓰려는 공동체들이 적지 않으니 가져다 써도 좋겠습니다. 이진영은 누구라도 집에서 간단히 만들 수 있는 DIY 가구 도안을 내놓아, 스스로 물건을 만들어 쓸 수 있다는 문화를 결 곱게 이루려는 꿈도 꿉니다.

세상 환하게 밝히는 전구

우리가 별생각 없이 쓰는 전기가 없어 어려움을 겪는 이들이 세상에는 적지 않습니다. 또 우리가 쓰고 버리며 하찮고 쓸데없다고 여기는 것이 누군가에게는 없어서는 안 될 소중한 물건이 되기도 합니다.

— 햇빛 페트병 전구

우리에게는 썩지도 않는 골칫덩어리 쓰레기일 뿐인 빈 페트병. 살려 쓰기에 따라 기쁨을 안겨주기도 합니다. 필리핀에 가면 지붕에 페트병 주둥이가 나와 있는 걸 볼 수 있습니다. 무엇일까요? 바로 '햇빛 페트병 전구Solar Bottle'입니다.

기계공이자 발명가인 알프레도 모저Alfredo Moser는 브라질 미나스제라이스주 우베라바시에서 정비소를 운영했습니다. 그러나 전력 수급이 고르지 못한 탓에 정전이 될 때가 많았습니다. 전기가 나가면 정비소가 컴컴해 낮에도 일하기 어려웠습니다. 어느 날 점심을 먹고 나서 정비소 바깥에서 차 한잔하며 앉아 있던 알프레도 눈에 물이 담긴 페트병을 뚫고 지나가는 햇빛이 들어왔습니다. 한참을 바라보던 알프레도 머리에 '지붕을 뚫고 저걸 달면 환해지지 않을까?' 하는 생각이 스쳤습니다.

알프레도는 페트병을 몇 개 가져다가, 표백제를 탄 물을 담았습니다. 지붕을 뚫고 병을 반쯤 걸쳐 꽂았습니다. 비가 새어 들어가지 않도록 병과 지붕 틈새를 폴리에스테르 레진으로 메웠습니다. 물이 담긴 페트병은 빛을 굴절시켜 내부를 환하게 비추었습니다. 표백제를 넣은 뜻은 물에 이끼가 끼는 것을 막으려는 것이었지만, 표백제를 만난 빛은 더 잘 퍼졌습니다. 이렇게 햇빛 페트병 전구 모저 램프가 태어났습니다.

페트병 전구는 생각보다 오래 쓸 수 있습니다. 흔히 열 달에서 길게는 다섯 해나 간답니다. 빛은 페트병이 클수록 더 밝은데요, 그렇더라도 지붕이 페트병 무게를 견딜 만해야 합니다. 달동네 집들은 흔히 지붕이 함석이나 슬레이트가 많고 오래

될수록 튼튼하기 어렵거든요. 너무 무거우면 무너져 내리거나 깨질 수 있으니 조심해야 하지요.

잦은 정전을 겪던 브라질 시골 마을 사람들은 서둘러 모저 램프로 집을 밝혔습니다. 동네 구멍가게도 마찬가지였습니다. 그러나 알프레도는 이것으로 돈을 벌지 않았습니다. “어떤 사람은 한 달 동안 전기 삯을 아껴서 곧 태어날 아이가 쓸 유아용품을 마련했다고 해요. 정말 멋지지 않나요?”라고 말하는 알프레도는 많은 사람이 밝게 살아가는 것만으로도 기쁘다고 합니다.

햇빛 페트병 전구. | QR코드: 리터 오브 라이트 홈페이지.

얼마 뒤, 기후 변화에 대응하고 환경을 살리는 데 힘쓰는 필리핀 NGO 조직 마이 쉘터 재단My Shelter Foundation이 알프레도에게 손을 내밀었습니다. 버려지는 것들을 되살려서 어려운 사람들에게 집을 지어주는데, 모저 램프를 쓰고 싶다는 것이었습니다. 알프레도는 기쁜 마음으로 반겼고, 햇빛 페트병 전구 모저 램프는 '리터 오브 라이트Liter of Light' 프로젝트를 타고 필리핀에 있는 1만 5천 가구를 밝혔습니다.

필리핀은 발전소가 턱없이 모자라는 덕에 일본, 싱가포르와 함께 아시아에서 전기료가 가장 비싸기로 손꼽힙니다. 그런 만큼 달동네에 사는 사람들은 전기를 거의 쓰지 못하는 데다가, 집들이 다닥다닥 붙어 있어 낮에도 빛이 잘 들지 않아 어둡습니다. 그런데 햇빛과 어우러진 페트병이 뿜어내는 빛 덕분에 아이들이 집에서 공부도 하고, 어두워서 하기 어려웠던 바느질도 할 수 있게 됐습니다. 아울러 전기 누전으로 시도 때도 없이 일어나던 화재가 눈에 띄게 줄었습니다.

햇빛 페트병 전구를 만드는 방법은 아주 간단합니다. 먼저 물을 가득 채운 페트병에 표면이 맑아지도록 표백제 10ml를 넣고, 구멍을 뚫은 지붕에 1/3은 지붕 밖으로 2/3는 방 안을 비추도록 매달면 끝이지요. 이 전구는 해가 있는 날에는 40W에서 60W에 이르는 빛을 냅니다. 더 밝게 하려면 천장으로 나온 페트병에 알루미늄 포일이나 반사판을 끼우면 됩니다.

안타깝게도 몹시 흐린 날이나 저녁에는 쓰지 못합니다.

여러 해 전, 태풍 욜란다가 휩쓸고 간 필리핀 비사야 제도에 전기가 끊겨 낮에도 어둠에 시달렸습니다. 이때 마이 쉘터에서 햇빛 페트병 전구를 달아 2,000이 넘는 가구가 불을 밝혔습니다. 본디 햇빛 페트병 전구는 낮에만 쓸 수 있었는데, 1W짜리 햇빛 발전 패널을 함께 달아 밤에도 쓸 수 있도록 했습니다. 휴대전화도 충전시킬 수도 있는 이 패널 값은 600페소(약 1만 4,500원)에다 세 해 반쯤 쓸 수 있는데, 배터리만 바꿔주면 거듭 쓸 수 있답니다.

— 풍선 햇빛 랜턴

그런가 하면 햇빛을 모아 불을 밝히는 비닐 랜턴이 나와 눈길을 끌고 있습니다. 원통형 비닐 랜턴은 밤에 바깥에서 조명으로 써도 손색없을 만큼 아주 밝습니다. 엠파워드Mpowerd 그룹이 개발해 2014년 처음 나온 루시 풍선 햇빛 랜턴Luci Inflatable Solar Lantern은 아주 가벼워 가지고 다니기 좋은 데다가 방수 기능까지 갖췄습니다. 이 랜턴에는 햇빛 발전 패널이 바닥에 붙어 있어 햇빛으로 전기를 일으켜 LED 전구 불빛을 만들어냅니다. 이 풍선 햇빛 랜턴은 등유 램프에 견줘 그리 뜨거워지지 않아 불이 날 염려가 없으며, 어린이도 다루기 쉽습니다.

풍선 햇빛 랜턴은 바람을 불어넣어 등갓을 풍선처럼 부풀어 오르게 만들 수 있고, 쓰지 않을 때는 바람을 빼서 햇볕이 잘 드는 곳에 두면 안에 있는 리튬 배터리에 전기가 저절로 차오릅니다. 8시간 동안 충전하면 6시간에서 12시간 정도 쓸 수 있습니다. 손잡이가 있어 들고 다니기 좋고, 벽이나 천장에 걸어 실내 조명으로 쓸 수도 있을 뿐 아니라, 캠핑에서도 빛을 발합니다.

루시 풍선 햇빛 랜턴. | QR코드: 루시 풍선 햇빛 랜턴 소개 영상.

햇빛 페트병 전구와 풍선 햇빛 랜턴 같은 기술은 선진국에서는 눈을 씻고 찾아보려 해도 쓸모를 찾을 수 없어요. 그러나 저개발국에서는 삶을 넉넉하게 만들고 목숨을 살리는, 더없이 소중한 빛입니다. 하나밖에 없는 목숨 살리기, 이모저모 짚어보니 뜻밖에 조그만 관심만으로도 어렵지 않게 할 수 있는 일이라 여겨집니다. 작지만 유용한 커다란 살림 기술이 누리를 따사롭게 합니다.

모기장 하나가 가른 운명

4월 25일은 세계 말라리아의 날입니다. 말라리아Malaria는 우리말로 '학질' 또는 '학'이라고도 합니다. 어렵고 힘들어 진땀을 뺀다는 뜻으로 '학을 떼다'라는 말이 나왔을 만큼, 말라리아는 오래전부터 우리를 괴롭혀온 질병이었습니다. 오랜 노력 끝에 지난 2020년 세계보건기구WHO가 우리나라를 '말라리아 퇴치가 가능한 국가'로 지정했을 만큼 발병률이 줄었습니다. 그러나 아프리카 난민들에게 말라리아 퇴치는 먼 나라 이야기지요.

WHO가 2021년에 펴낸 《말라리아 보고서》에 따르면, 2000년에는 말라리아에 걸린 사람이 2억 6,200만 명, 목숨을 잃은 사람이 83만 9,000명이나 되었습니다. 그러나 2020년에는 말라리아에 걸린 사람은 2억 4,100만 명, 목숨을 잃은 사람은 62만 7,000명으로, 환자 발생률은 9%, 사망률은 7% 떨어졌습니다. 그래도 세계 인구 절반 가까운 32억 명이 말라리아에 걸릴 위험에 놓여 있으며, 2분마다 한 사람이 말라리아로 목숨을 잃고 있습니다. 2020년 전 세계 말라리아 환자 95%가 아프리카에서 나오고, 환자 가운데 90%가 목숨을 잃었습니다.

의료 시설이 좋지 않은 아프리카에서도, 내전과 분쟁이 벌어지고 있는 남수단과 르완다 난민촌 사정은 더욱 끔찍합니다. 덥고 습한 열대기후에 시달리는 난민촌에서는 이곳저곳 움푹 파인 웅덩이를 중심으로 모기가 철을 가리지 않고 끊임없이 번식합니다. 피난길에 모기장도 챙겨오지 못한 산모들과 아이들은 말라리아 모기에 물려 적혈구가 파괴되는 고통을 겪고 있습니다. 이 고통은 섬유에 살충제 처리가 되어 있는 1만 5,000원짜리 모기장이 막아줄 수 있습니다. 살충 모기장에 앉은 모기는 대부분 기절하거나 죽습니다. 이 살충 성분은 3년 가까이 효과가 있다고 합니다.

우간다 나키발레 난민촌에는 두 살배기 아그네스와 플라비아가 삽니다. 두 아기 부모들은 모두 콩고민주공화국 분쟁을 피해 피난길에 오릅니다. 유엔난민기구는 2015년 1월부터 3월 사이, 우간다 나키발레에 살충 모기장 9,500개를 나눠 주었습니다. 안타깝게도 나키발레 난민촌 인구 45%에 이르는 7만 4,000명은 모기장을 받지 못했습니다. 두 돌이 되지 않은 아그네스와 아그네스 부모는 모기장을 받지 못해 말라리아에 걸리고 맙니다. 아그네스보다 두 달 앞서 태어난 플라비아는 모기장 속에서 편안히 잠이 듭니다. 오로지 모기장을 배급받고 받지 못한 차이로, 두 아이는 명운이 갈렸습니다.

세상을 바꿀 천 원짜리 현미경

말라리아를 예방하는 데 가장 좋은 방법은 말라리아 기생충을 찾아 없애는 것입니다. 그러나 아프리카에는 이를 살필 장비가 거의 없어 예방이 쉽지 않습니다. 말라리아로 한 해 30만 명이 넘는 사람이 목숨을 잃는 아프리카 사람들을 위해, 스탠퍼드대학교 생명공학자인 마누 프라카시Manu Prakash 교수는 정밀하고도 값싼 현미경을 만들기로 합니다. 그리고 폴드스코프Foldscope를 세상에 선보입니다.

폴드스코프는 값싸고 전력도 들어가지 않는, 종이로 만든 휴대용 현미경입니다. 도면을 인쇄한 다음, 부위별로 색깔을 맞춰 접으면 끝입니다. 폴드스코프 접기는 종이학이나 종이비행기 접기보다 쉽습니다. 접근하는 데 언어 장벽도, 빈부 격차

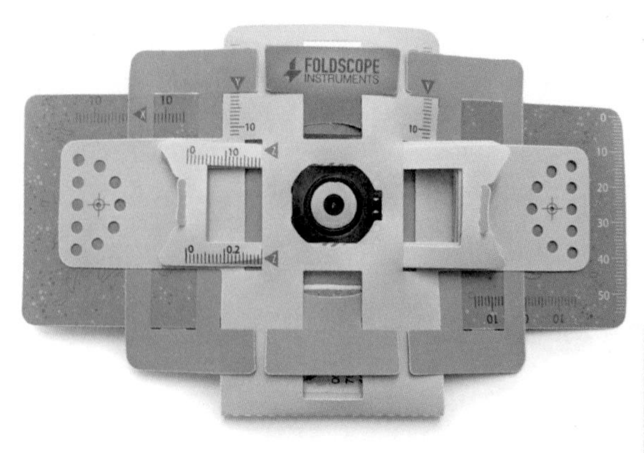

폴드스코프. | QR코드: 폴드스코프 홈페이지.

도 없습니다. 게다가 무게는 9g에, 재료라야 달랑 종이 한 장과 콩알만큼 작은 렌즈뿐입니다. 납작해서 땅에 떨어뜨리거나 발로 밟아도 멀쩡합니다. 방수도 됩니다. 종이 장난감 같아도 엄연한 현미경입니다. 표본이 든 슬라이드를 가운데 구멍에 맞춰 종이 사이로 밀어 넣고 렌즈에 눈을 맞추면, 거짓말처럼 미세한 세계가 눈앞에 펼쳐집니다. 최대 2,000배까지 확대할 수 있어, 말라리아 균을 살피는 데 아무런 문제가 없습니다.

폴드스코프는 관찰 용도에 맞게 여러 가지로 개발됐습니다. 명시야·암시야 현미경부터 형광·편광 현미경, 투사형 현미경까지 두루 구색을 갖췄습니다. 무엇보다 놀라운 건 값인데요, 핵심 부품인 렌즈는 단돈 50센트, 투사형 폴드스코프에 들어가는 3볼트 단추형 배터리와 발광 다이오드 LED까지 다

해도 1달러를 밑돕니다. 우리 돈 1,000원이면 누구라도 현미경을 가질 수 있다는 말입니다. 다 쓴 종이는 되살려 쓸 수 있고 따로 전원을 공급하는 장치가 있어야 하는 것도 아니다 보니 환경에도 좋습니다. 르완다 식물학자가 바나나 작물에 있는 균류를 검사하는 데, 마사이족은 소똥에 기생충이 있는지 확인하는 데 폴드스코프를 사용했습니다.

— 말라리아 잡는 300원짜리 원심분리기

마누 프라카시 교수팀이 또 일을 냅니다. 이번엔 '의료용 원심분리기'입니다. 환자에게서 뽑은 피를 넣고 빠른 속도로 돌려 일어나는 원심력으로 혈액 성분을 갈라주는 기기입니다. 이번에도 종이를 씁니다. 어릴 적 갖고 놀던 실팽이에서 아이디어를 얻었습니다. 단추 같은 물건을 실로 꿰뚫은 다음, 양쪽 실을 잡고 당겼다 놓았다 되풀이하면 윙윙 소리를 내며 단추가 빠르게 돌아가던 그 풍경을 떠올리면 됩니다. 단순한 놀이지만, 여기에는 물리 법칙이 녹아 있습니다. 한번 회전한 물체가 거듭 돌려는 '회전관성'과 원운동하는 물체가 중심에서 바깥으로 힘을 받는 '원심력'입니다.

마누 프라카시 교수팀은 이 원리로 혈액 성분을 분리하기로 합니다. 그렇게 세상에 내놓은 물건이 원심분리기 '페이퍼퓨지Paperfuge'입니다. 장난감 실팽이를 꼭 닮은 원반 모양 종이에는 피를 담을 수 있는 작은 튜브가 들어 있습니다. 가운데 구멍으로 끈을 관통시키고 양쪽엔 나무 손잡이를 달았습니다. 이게 다입니다. 이제 나무 손잡이를 잡고 끈을 당겼다가 놓기를 되풀이합니다. 가운데 종이 원반이 돌아가면서 혈액에서 세균을 떼어냅니다. 회전 속도는 분당 최대 12만 5,000회로, 병원에서 쓰는 상업용 원심분리기보다 빠릅니다. 연구진은 페이퍼퓨지로 15분 만에 혈액에서 말라리아 기생충을 분리해냈습니다.

페이퍼퓨지 역시 폴드스코프처럼 아프리카 대륙에서 말라리아를 없애려고 고안됐습니다. 페이퍼퓨지는 전력이 없어도

페이퍼퓨지. | QR코드: 페이퍼퓨지 소개 영상.

되고, 작고 가벼워 운반하기도 좋습니다. 종이로 만든 만큼 환경오염도 적고, 재활용도 쉽습니다. 무엇보다 제작비가 단돈 20센트입니다. 우리 돈 300원 남짓한 돈으로 말라리아 감염 여부를 손쉽게 판별할 수 있다는 얘기입니다.

어쩔 수 없는 재앙으로 아파하는 이웃을 보며 누구나 안타까워하며 눈물을 흘릴 순 있습니다. 그러나 재앙을 품은 싹을 돌려놓지 못하는 공감뿐이라면 힘이 되지 못합니다. 경제성과 편리함, 실용성을 갖춘 이 폴드스코프와 페이퍼퓨지가, 뜨거운 대륙이 지긋지긋해하는 고질병을 뿌리부터 바꿔놓을 수 있을까요?

세상에서 가장 따뜻한 종이

2014년 세월호 참사 소식에 밤을 하얗게 새운 건축가가 있습니다. 당시 71살인 원로 건축가 조성룡. 물에 잠긴 사람들 걱정에 뜬눈으로 밤을 지새운 사람이 어디 그 사람뿐이었겠냐고 되물을 수 있지만, 이 노건축가는 여느 사람처럼 발만 동동 구른 것이 아닙니다.

대한민국이 온통 슬픔에 잠긴 4월 17일, 조성룡은 구조 작업에 쓰이는 세월호 설계도가 너무 복잡해서 구조하는 이들이 어려움을 겪겠다는 생각으로, 누가 봐도 알기 쉬운 선실 구조 모형을 만들기로 마음먹습니다. 이 뜻을 알리고 해운회사를 비롯한 관계 기관에 설계도를 달라고 하지만, 모두 손사래를 칩니다. 하는 수 없이 그때까지 나온 언론 보도를 꼼꼼히 살펴 선실 구조를 짚고 세월호 정보가 담긴 일본 블로그를 참고해, 길이 2.5m, 폭 0.5m 크기 배 모형을 밤새워 만들고 그것을 들고 팽목항으로 달려갑니다. 누가 시키지 않았는데도 밤을 새워 세월호 모형을 만든 노건축가 조성룡은, 충격과 슬픔 속에서 그 시간을 가만히 흘려보낸 우리와는 달랐습니다.

종이 칸막이, 종이 집, 종이 성당

1994년 아프리카 르완다에서 내전이 일어났습니다. 수백만 명이 목숨을 잃었고 살아남은 사람은 흙바닥으로 내몰렸습니다. 이 사람들을 보듬으려고 대나무처럼 안이 텅 빈 종이 봉을 세워 종이 집을 만든 사람이 있습니다. 우리가 흔히 볼 수 있는 벽지 말대 같은 종이 봉이 건축 기본 구조를 이룬 것입니다. 건축 자재를 찾기 힘든 땅에서, 구하기 쉽고 세우기도 간단한 종이로 집을 지어 재빨리 지원에 나설 수 있었습니다.

환경을 보듬고 사물을 되살려 쓰는 것에 대한 관심이 일어나기 한참 앞서, 환경을 아우르는 건축 자재를 만들려고 연구를 거듭해온 건축가 반 시게루坂茂가 그 주인공입니다.

시게루는 이듬해인 1995년 일본 고베 대지진으로 보금자리를 잃은 이들을 보듬으려고 종이 상자로 바닥과 기본 틀을 만들고, 종이 봉으로 이은 뒤 천을 달아 사생활을 살펴주는 칸막이를 세웁니다. '다카오리'라는 임시 성당도 종이 봉을 세워 지었는데, 세 해만 쓰고 헐려고 했으나 워낙 튼튼해서 열 해나 쓰고도 끄떡없었습니다. 2005년 타이완 지진이 일어나자 이 성당을 뜯어다 타이완 재난지역으로 옮겨 세웠습니다. 종이 구조가 열 해나 버틴 것도 대단한데, 되쓰여 상설 교회로 세워졌으니 뜻깊은 일이 아닐 수 없습니다.

시게루는 종이 건축가라는 별명이 붙을 만큼 종이를 활용한 작품을 많이 선보였습니다. 시게루는 1990년대 초반부터 여러 실험을 거쳐 종이를 잘 쓰면 방수와 방염·방한을 할 수 있다는 것과 종이 구조물은 생각보다 단단해서 상설 건축 자

시게루 반이 고안한 이재민들을 위한 임시 숙소.

재로 쓸 수 있으며 값도 싸고 되쓸 수 있다는 장점을 두루 갖췄다는 것을 알았습니다.

20만 명이 넘는 목숨을 앗아간 2010년 아이티 지진 때에도 아이티와 이웃인 도미니카공화국을 찾아 건축학 전공자들과 학생들을 모았습니다. 그리고 미국에 있는 건축대학원과 손잡고 이재민을 보듬는 보호소를 지어 뜻깊은 발자취를 남깁니다. 2011년 동일본대지진 때도 어김없이 재해 현장으로 달려가 이재민 칸막이는 말할 것도 없이 임시 공동주택 설계에도 함께했습니다. 화물용 컨테이너를 층층이 쌓아 올려 지은 공동주택에 188가구가 들어갔는데, 또 있을지도 모를 지진에 대비해 내진 설계를 하고 3층 높이로 안전하게 지었습니다.

'집 짓기는 기본을 제대로 지켜야 한다'는 미국 건축학자 존 헤이덕John Hejduk의 건축론을 물려받은 시게루는, 자재를 그대로 드러내거나 기존 공법에서 쓰지 않던 소재들로 설계한 건축물을 지었습니다. 무엇보다, 부수고 다시 지을 수 있는 재료들을 써서 건축 지평을 새로 열었습니다.

시게루는 르완다 내전이 일어난 지 20년이 되는 2014년, 건축계 노벨상으로 불리는 프리츠커상The Pritzker Architecture Prize 2014을 받았습니다.

가방으로 변신하는 종이 책상

세계에서 가장 못살던 대한민국이 선진국에 합류했다며 큰소리치는 까닭을 찾으라면 사람들은 가장 먼저 '교육'을 꼽습니다. 이처럼 가난한 나라들이 헐벗음에서 벗어나는 지름길로 여기는 '교육'. 그러나 세계에는 아직도 책상이나 걸상도 없이 땅바닥에서 공부하는 아이들이 수두룩합니다. 최근 인도 비영리사회단체 아람브Aarambh는 '도움 책상Help Desk' 프로젝트를 빚었습니다. '도움 책상'은 포장재로 널리 쓰이는 골판지로 만든 책상인데, 차례 접기를 달리하면 책가방으로 탈바꿈합니다.

아람브는 이 책상을 만들어 널리 퍼뜨리려고 여러 재활용

도움 책상.

센터와 소매점에서 골판지를 거둬들여 마하라슈트라에 있는 학교 학생들에게 나눠 줍니다. 바닥에서 쪼그리고 앉아 공부하던 학생들은 이 골판지 책상 덕분에 자세도 반듯해지고 책도 가방에 넣어 다닐 수 있게 됐습니다. 도움 책상은 골판지로 만들기 때문에 하나를 만드는 데 드는 돈이 200원 남짓할뿐더러, 버려진 골판지를 거둬들여 만들기 때문에 환경에도 좋습니다.

번잡한 이 세상에서 땀 한 방울, 정성 한 줌으로 다가서기만 해도 누리를 보듬어 안을 수 있습니다.

약자를 품은 보금자리

매서운 추위가 찾아오는 11월, 날이 쌀쌀해지니 옷깃을 바투 여민 사람들은 해가 떨어지면 종종걸음으로 서둘러 집으로 돌아갑니다. 오가는 발길이 뜸해지고 차가운 공기가 제법 두텁게 내려앉았을 이때부터, 지하상가나 열차 역사에서는 노숙자들이 관리인을 피해 제 몸을 품을 자리를 찾아다니기 시작합니다.

— 보금자리 손수레

집이 없어 거리를 헤매는 사람들은 흔히 낮에는 병이나 버려진 종이 따위를 주워 팔아 근근이 목숨을 이어가고, 밤에는 쉴 곳을 찾아 이리저리 헤맵니다. 그런데 이 사람들을 품을, 작지만 뜻깊은 발명품이 태어났습니다. 낮에는 짐을 실어 나르고, 밤이면 집이 되는 신기한 '보금자리 수레Shelter Cart'가 그것입니다. 낮에는 병이나 책, 신문, 종이 상자처럼 되살릴 쓰레기를 모으는 수레가 되고, 밤에는 다리 뻗고 쉴 아주 작은 보금자리로 탈바꿈합니다. 노숙자들에게 조금이나마 힘이 되어주려고 디자인한 '보금자리 손수레'는 낮에는 일자리, 밤에는 더없이 따사로운 품으로 탈을 바꿔씁니다.

쓰지 않을 때는 바퀴와 핸들을 접을 수 있어 자리를 그리 차지하지 않습니다. 게다가 생김새도 깔끔하고 말쑥합니다. 사람들 눈길에서 벗어난 딱한 이웃을 보듬어 안는 기발한 아이디어 작품인 이 수레는 배리 시한Barry Sheehan과 그레고르 팀린Gregor Timlin이 디자인한 것으로, 2006년 디자인붐사회의식상Designboom Social Awareness Award 2006에서 최고상을 받았습니다. 95개 나라 디자이너 4,247팀 사이에서 가려 뽑은 '보금자리 수레'는 널리 퍼지지는 않았지만, 몇몇 나라가 받아들이고 있습니다. 풍찬노숙으로 고생하는 우리나라 노숙자들에게도 간절할 보금자리입니다.

2006년 디자인붐사회의식상에는 이 보금자리 수레 말고도 일회용 종이 침대Disposable Cardboard Bed, 방수 배낭 침

보금자리 수레. | QR코드: 디자인붐 홈페이지.

대Waterpoof Backpack Bed, 추위막이 도시 보금자리Urban Shell-ter, 짐수레 속 보금자리Shelter in a Cart, 휴대용 보금자리Mobile Shelter 이렇게 다섯 개나 되는 발명품이 뽑혔습니다.

— 광고판을 집으로

슬로바키아 건축 디자인 회사 디자인 디벨롭Design Develop은 길거리에 있는 광고판에 집을 지어 노숙자를 보듬을 새로운 계획을 내놓아, 다른 나라 노숙자들에게 한껏 부러움을 사고 있습니다. 그레고리 프로젝트The Gregory Project라고 불리는 이

그레고리 프로젝트로 만들어진 옥외 광고판이자 노숙자를 위한 집.

기획은, 길거리에 서 있는 광고판에 작은 집을 얹은 '길가에 집 짓기'입니다.

콘크리트 기둥 위에 받쳐진 광고판과 광고판 사이 세모꼴로 된 빈 곳에 한 사람이 들어가 살 수 있도록 욕실과 화장실, 부엌, 거실, 침실이 잘 갖춰져 있습니다. 다만 길섶에 지어져 자동차가 지나다닐 때 나는 소음이 가장 큰 걸림돌인데, 방음벽과 이중 창문을 달아 이 문제를 어느 정도 해결했습니다.

이 집에 많은 이가 박수를 치는 까닭은, 바로 적은 돈으로 납답한 사회문제를 풀 수 있기 때문이지요. 먼저 땅을 사는 돈이 들지 않고, 집을 짓고 관리하는 데 드는 돈은 기업 광고비로 메울 수 있습니다. 밤에는 환하게 밝혀야 하는 광고판이기에 전기 시설을 따로 하지 않아도 됩니다.

슬로바키아 정부가 크게 마음을 내어 준비하는 '노숙자에게 보금자리 지어주기 기획'이 부디 탐스러운 열매를 맺기를 바랍니다. 이 길갓집 설계도는 모두에게 공개되어 있으며, 새롭게 바꿔도 괜찮답니다.

월드컵 경기장 주택 프로젝트

브라질은 많은 돈을 쏟아부어 세운 월드컵 경기장이 헤아릴 수 없이 많은데, 이들 시설은 축구 경기나 공공 행사 때를 빼고 나면 쓸모를 찾기 어려워 고민이 많았습니다.

프랑스 건축가 악셀 드 스탬파Axel de Stampa와 실뱅 마코Sylvain Macaux는 탈 많고 말 많던 브라질 월드컵 경기장 열두 곳을 되살려 쓸 수 있는 안을 내놨습니다. 경기장 바깥벽에 자유로이 떼었다 붙였다 할 수 있는 모듈형 주택을 칸칸이 쌓아 올린 공공주택 카사 푸츠볼Casa Futebol입니다. 컬러풀한 모듈형 집 한 채 너비는 105m^2(약 32평)로 브라질 주택난을 풀어줄 방안으로 무척 신선하고 흥미로운 아이디어지만, 브라질 정부가 받아들이는 공공주택 너비 35m^2(약 10평)보다 세 배나 커서 맞지 않습니다.

카사 푸츠볼 가상 조감도.

그렇더라도 어차피 세금으로 세운 경기장이니 주택 너비를 좀 더 좁혀 서민들에게 거저 주거나 보증금 없이 다달이 월세만 조금씩 받으면 어떨까요? 앞으로 월드컵을 치를 여러 나라가 고려해봄 직한 일입니다. 2018년 우리나라에서 열린 평창동계올림픽에 세워진 시설들을 작은 도서관 또는 작은 공연장으로 리모델링해, 마을 어른들이 아이들에게 책을 읽어주고 모두가 어우러져 잔치를 벌이는 곳으로 삼아도 좋지 않을까요?

난민을 품은 보금자리

오랜 내전으로 몸살을 앓는 시리아는 나라를 탈출하려는 난민 숫자가 670만 명이나 된답니다. 그런데 대규모 난민 수용 의사를 밝힌 독일에서, 민간 차원에서 오갈 데 없는 난민들에게 보금자리를 마련해주어 눈길을 끕니다. 2015년 11월, 베를린에 사는 부부가 독일과 오스트리아에 사는 사람들과 난민을 이어주는 사이트 '리퓨지 웰컴refugeeswelcome'을 열었습니다. 집에 방이 남는 사람이 난민에게 내어줄 방을 사이트에 올리면, 난민 지원 단체에서 성별·언어·취향을 살펴 다리를 놓아줍니다. 집주인이 받아들이기로 마음을 굳히면 난민은 적어도 석 달 동안 그 집에 머물 수 있습니다. 살면서 집주인과 뜻이 맞는다면 기간을 늘리기는 어렵지 않을 테지요.

리퓨지 웰컴은 단순히 난민에게 보금자리를 나누는 데 머물지 않고 난민과 집주인 모두를 아우르고 있습니다. 홈페이지에 모인 기부금을 다달이 숙박료로 집주인에게 주며, 난민에게는 생활지원금을 대줍니다. 아울러 난민과 어울려 사는 집에 찾아가 통역도 해주고, 지역 대학과 손잡고 난민이 그곳 말을 배울 수 있도록 돕습니다. 독일을 넘어서서 스페인, 프랑스, 스웨덴, 폴란드, 이탈리아, 오스트리아, 체코, 헝가리, 포르투갈, 호주로 서비스를 넓힌 리퓨지 웰컴은 2014년 10월 서비스를 시작한 이래 지금까지, 유럽 여러 나라에서 난민 수천 명을 품어 다리 뻗고 살 수 있도록 아우르고 있습니다.

리퓨지 웰컴 홈페이지.

어떤 일이든지 비롯하기는 모두 씨앗처럼 작습니다. 그러나 좋은 뜻이라며 한 사람 한 사람 모이다 보면 어느새 결을 이룹니다. 서로 어울려 우리를 이뤄 뜻 보태고 나누기, 너를 살리며 내가 사는 살림살이입니다.

눈이 되어드립니다

2009년 가을, '마음의 손으로 보는 것'이라는 제목에 끌려 시각장애가 있는 조각가가 여는 전시회장을 찾았습니다. 검붉은 커튼을 들추고 들어선 전시장은 깜깜했습니다. 그제야 안내하는 이가 "오른쪽으로 더듬으며 가세요"라고 했던 말을 떠올렸습니다. 손끝에 닿은 이마며 콧날, 벌린 입이 생생히 만져지는데 생김새가 떠오르지 않더군요. 내가 더듬은 조각 작품이 어떻게 생겼는지는 전시장을 나와 벽에 붙어 있는 사진을 보고야 겨우 알 수 있었습니다. 사람들이 전시를 본 소회를 적은 메모를 훑으며 지나가다가 어떤 한 쪽지 앞에서 그만, 멈춰서고 말았습니다.

> "저는 앞을 보지 못하는 아이를 둔 엄마입니다. 오늘에서야 제가 아이를 전혀 헤아리지 못하고 있었다는 걸 알았어요. 저는 아이 모습만 살피려고 했지, 아이가 겪는 어둠이 어떤 것인지 까맣게 몰랐어요. 아이와 함께 어둠 속에 있었던 적이 없었어요."

앞을 보지 못하는 아이를 두고 애면글면했을 엄마조차 아이가 겪는 처지를 제대로 헤아리지 못했다는 말씀입니다. 2022년 보건복지부에 따르면, 우리나라에는 장애인이 264만여 명이고, 그중 시각장애인은 25만여 명입니다. 시각장애인까지는 아니더라도 앞이 뿌옇게 보이는 이들이 적지 않으니, 이보다 훨씬 많은 이가 앞을 보기 힘들어할 것입니다.

깨알 점자 버거

시각장애인들을 보듬으려고 점자 버거를 내놓은 햄버거 가게가 있습니다. 남아프리카공화국에 있는 햄버거 체인점 윔피Wimpy가 그곳입니다. 윔피 점자 버거는 다른 햄버거와 그리 달라 보이지 않습니다. 그러나 햄버거 빵을 자세히 보면 시각장애인들을 보듬는 깨알 같은 배려가 새겨져 있다는 것

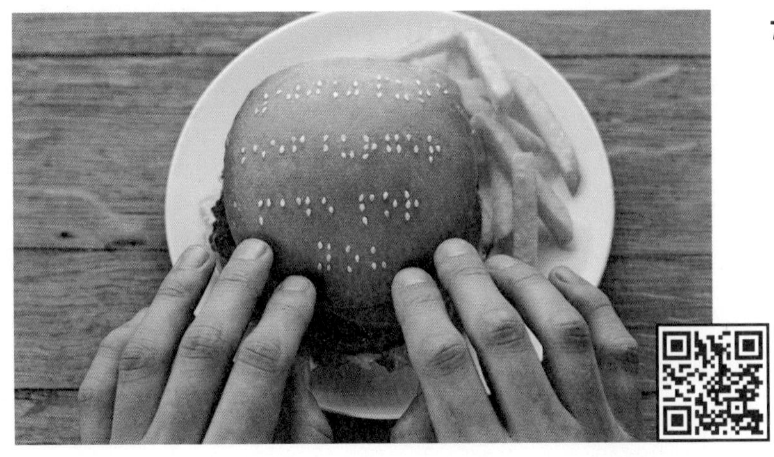

웜피 햄버거. | QR코드: 웜피 홈페이지.

을 알 수 있습니다. 웜피 셰프들은 "당신을 보듬으려고 만든 100% 쇠고기 햄버거"라는 점자를 깨알로 박아 넣었습니다.

적지 않은 시각장애인들은 맛을 보기에 앞서 손으로 어떤 햄버거인지 느끼고 즐거워합니다. 사실 이 남다른 햄버거는 웜피에서 점자 메뉴판이 나온 것을 알리려고 이벤트로 내놓은 것입니다. 점자 메뉴를 더듬어보고 어떤 햄버거가 있는지 골라 먹을 수 있도록 배려하는 마음에서 비롯한 것이지요. 더욱이 거기에만 머물지 않고 햄버거에도 어떤 햄버거인지 점자를 새겨 넣어 여럿이 햄버거를 시켰을 때 내가 시킨 햄버거를 찾아 먹을 수 있도록 한 마음 씀씀이가 도두 보입니다.

앞을 보지 못하는 엔지니어 쿠르샷 실란Kursat Ceylan이 시각장애인에게 알맞은 지팡이를 만들었습니다. 그 이름은 바로 위워크WeWALK.

이 지팡이를 든 사람이 걷다가 장애물이 나타나면 손잡이에 달린 초음파 센서가 울림과 소리로 알려주는데, 발부리에서 머리 높이에 있는 장애물까지 가려내 알려줄 만큼 성능이 뛰어나답니다. 손잡이에는 마이크와 스피커가 있어 블루투스로 스마트폰과 연결하면 구글맵, 우버 따위 앱과 어울려 몇 번 출구로 나와야 하는지, 몇 번 버스를 타야 하는지, 둘레에 어떤 가게가 있는지를 바로 알려주는 내비게이션 구실까지 합니다. 손잡이에 달린 터치패드로 스마트폰도 다룰 수 있으며, LED 라이트가 있어 어두운 길을 가더라도 다른 사람이 바로 알 수 있습니다. 날렵한 디자인에 사물지능을 갖춘 위워크는 모듈형으로, 지팡이가 닳거나 망가지면 가붓하게 핸들을 떼어내 다른 지팡이로 바꿔 끼울 수 있습니다.

비영리단체 YGA(Young Guru Academy)가 모금 프로젝트로 시작한 위워크는 플랫폼을 열어놓아 누구라도 슬기로운 이 지팡이에 기능을 보탤 수 있습니다.

위워크를 들고 길을 건너는 시각장애인. | QR코드: 위워크 홈페이지.

특별한 여행

시각장애가 있는 아마르 라티프Amar Latif는 여러 사람과 어울려 수많은 여행지를 찾아다니면서, 적지 않은 어려움을 겪었습니다. '앞을 보지 못하는 이들이 여행하면서 겪는 괴로움을 조금이나마 덜어줄 수 없을까?' 하는 마음에서 여행사를 세웁니다. 영국 여행사 트래블아이즈Traveleyes입니다.

사업 목적을 아예 시각장애인과 시력이 좋지 못한 사람들이 여행을 쉽고 재미있게 할 수 있도록 돕는 것에 두고, 앞을 잘 볼 수 있는 사람과 시각장애가 있는 사람이 뒤섞여 함께 떠나는 여행 상품을 내놨습니다. 이제 시각장애가 있는 여행자들은 여행에 앞서 자원봉사를 해줄 사람을 찾아보려고 애쓸 필요가 없습니다. 트래블아이즈 웹사이트나 음성 브로슈어를 검색하고 나서, 여행을 가고 싶다는 마음이 나면 전화로 예약만 하면 되니까요. 앞을 잘 볼 수 있는 여행자들은 할인된 값에 여행을 즐기면서, 앞을 보지 못하는 여행자에게 눈이 되어 풍경을 생생하게 살려주는 남다른 경험을 누릴 수 있습니다.

트래블아이즈 홈페이지.

손끝으로 여는 삶결

미국 시애틀에서 유학 생활을 하다 교회에서 만난 시각장애인 친구가 성경책을 읽으려고 무려 3kg이나 되는 점자 읽는 기기를 목에 걸고 있는 것을 보고 안타까워하던 김주윤. 그 마음 바탕에서 연구를 거듭한 끝에 시각장애인들도 편하고 가볍게 쓸 수 있는 점자 스마트 워치 '닷 워치Dot Watch'를 개발하고 '주식회사 닷'을 세웁니다.

닷 워치는 손끝으로 읽을 수 있는 손목시계입니다. 시계 시침과 분침이 있을 자리에는 디지털 점자가 있어 시간을 드러내줍니다. 닷 워치에는 두 가지 매력이 있습니다. 하나는 블루투스로 휴대전화와 연동해 점자로 정보를 확인할 수 있는 기능입니다. SNS나 문자 메시지 내용은 물론 발신자 정보를 확인할 수도 있고, 내비게이션이나 날씨 확인, 알람 설정, 음악 재생도 됩니다. 이 모두가 간단한 터치와 점자 메뉴로 구동됩니다. 또 다른 매력은 싼값입니다. 어디에도 적용할 수 있는 기술을 써서 이제까지 나와 있는 점자 읽는 기기에 견줬을 때 값이 10분의 1밖에 되지 않는 30만 원 선에 내놨습니다.

전 세계에 시각장애인은 2억 8,500여 만 명, 그중 점자를 읽을 수 있는 사람들은 5%에 지나지 않습니다. WHO에 따르

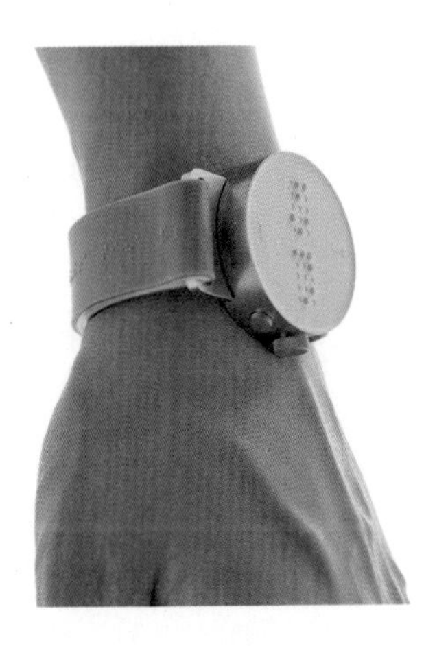

닷 워치. | QR코드: 닷 블로그.

면, 18세 미만 시각장애인 아이 90%가 아시아와 아프리카에 살고 있습니다. 이 아이 대부분은 점자 보조 기기를 만져보지도 못했고, 스마트 워치와 연결할 수 있는 스마트폰도 없습니다. 그러니 정작 모진 처지에 놓인 시각장애 아이들에게 닷 워치는 그림 속 떡일 수밖에 없지요. 더 큰 문제는 이 아이 대부분이 점자를 모르는 데다 점자를 배울 의지도 없다는 사실입니다. 그럴 수밖에 없는 까닭이 있습니다. 새로 나오는 책 가운데 점자책이 차지하는 비율은 겨우 0.1~2%밖에 되지 않으며, 점자책 값은 여느 책보다 5배나 높거든요. 또 튀어나온 점자는 계속 만질 때마다 닳기 때문에 여느 책처럼 많은 사람이 돌려가면서 볼 수도 없습니다. 애써 점자를 배웠다 해도 딱히 쓸 곳이 없고, 책 한 권 구해 읽기 어렵다는 얘기지요.

이를 알아차린 '닷' 식구들은 개발도상국에 있는 시각장애인을 보듬겠다는 뜻을 세웁니다. '혼자 점자를 배우고, 책을 읽을 수 있게 만들 수는 없을까?' '교과서가 들어 있어서 (멀리 있는 학교에 가지 않고도) 집에서 배울 수 있다면 어떨까?' 하고 고민합니다. 이 바탕에서 SD 카드나 USB에 교과서나 책 같은 여러 콘텐츠를 넣어서 소리와 함께 읽고 듣고 말하면서 배울 수 있는 가벼운 점자 모듈 '닷 미니'를 개발했습니다.

전 세계 시각장애를 가진 아이 140만 명 가운데 42만 명이 아프리카에 살고 있습니다. 이 가운데 90%가 넘는 아이들이 교육을 받지 못하고 있답니다. 아프리카에 사는 시각장애 아이들에게 배울 기회를 주겠다는 꿈을 세운 '닷'을, 빌 게이츠 재단과 KOICA CTS가 함께하는 그랜드 챌린지 코리아가 후원합니다. 든든한 힘을 얻은 '닷'은 케냐를 시범 사업 지구로 골라 '닷 미니'를 보급하고 점자 교육 프로젝트를 펼치고 있습니다.

케냐에는 초등교육을 받아야 하는 시각장애 아동이 4만 5,000명에 이릅니다. 그 가운데 7,000명만이 학교에 다닙니다. 까닭은 간단합니다. 초등학교 정규 과목은 여섯 가지입니다. 점자책은 두꺼워서 과목당 책이 적어도 네 권은 있어야 합니다. 점자책 한 권 값은 30달러나 합니다. 한 해에 한 학생이 사야 하는 점자책이 24권으로, 들어가는 돈만 720달러. 초등학교 과정 5년 동안 들어가는 교재비가 3,600달러로, 우리 돈으로 400만 원이 넘습니다. GDP가 1인당 1,245달러인 케냐 사람들에게는 너무 버겁습니다. 그런데 닷 미니는 ① 먼지 속에서도 오래 쓸 수 있고, ② 혼자서도 점자를 배울 수 있으며, ③ 아이들이 들고 다니는 데 전혀 무리가 없을 만큼 가볍고, ④ 교재를 컴퓨터 파일로 만들어 닷 미니에 저장하면 점자로 출력되며, ⑤ 닷 미니 한 대 값은 한 학기 교재비 25%에 지나지 않습니다.

당분간 이보다 공부하기에 좋은 기기를 찾기 쉽지 않을 것입니다. 케냐 시각장애인협회는 지난해 100만 달러를 들여 학교를 비롯한 기관에 닷 미니 8,000대를 공급했습니다. 미국

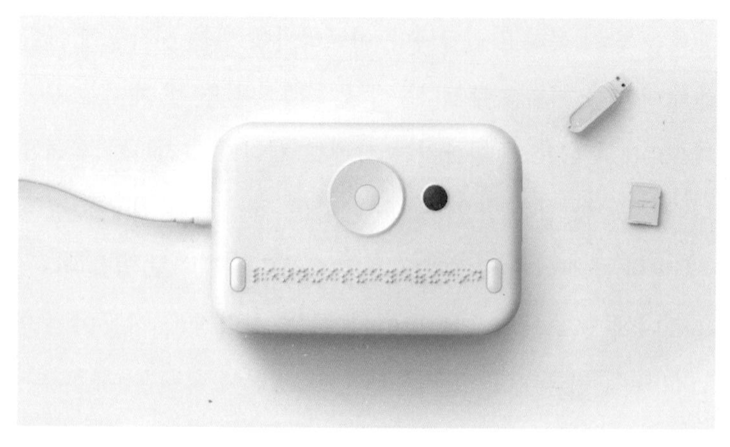

닷 미니.

《타임TIME》지는 "시각장애인 삶을 송두리째 바꿔줄 제품"이라며 '닷'에 힘을 실어줬습니다.

나도 눈이 되어줄 수 있다

철학하는 농부가 되고자 했던 한스 비베르그Hans Wiberg는 25세에 시각장애인이 됐습니다. 한스는 이따금 스마트폰 영상통화로 도와주는 친구 덕에, 단순하지만 놀라운 아이디어를 떠올립니다. 그건 바로 시각장애인과 그이들을 도울 전 세계 사람들을 실시간 엮어주는 플랫폼입니다. 궁리 끝에 내놓은 것이 시각장애인이 언제 어디서나 누군가에게 눈을 잠깐

빌릴 수 있도록, 실시간 영상 통화로 시각장애인과 자원봉사자를 이어주는 스마트폰 앱 서비스 '비 마이 아이즈Be My Eyes' 입니다. 덴마크 코펜하겐에 있는 비영리 기업 비 마이 아이즈가 내놓은 이 서비스는 시간이나 공간 제약이 없어 식구나 친구들이 잠든 새벽일지라도 지구 반대편에 있는 누군가는 기꺼이 도와줄 수 있습니다.

방법은 간단합니다. 스마트폰에 비 마이 아이즈 앱을 깔고 내가 시각장애인인지 자원봉사자인지를 등록합니다. 시각장애인이 음성으로 앱을 구동하면, 바로바로 장애인이 쓰는 언어로 도와줄 수 있는 자원봉사자와 이어줍니다. 서로 가볍게 인사를 나눈 뒤에 도움을 주고받으면 됩니다. 이를테면 우유를 보여주면서 "이 우유 유통기한이 지났나요?" 하고 물으면, "아이고, 일주일도 더 지났군요. 아까워 말고 버리세요" 하고 알려주는 식이지요. 자원봉사자에게도 부담이 없습니다. 1분쯤 가볍게 짬을 낼 수 있을 때 도움을 주면 되기 때문입니다. 식당에서 음식을 기다리는 것처럼 어쩔 수 없이 흘려보낼 수밖에 없는 시간을 시각장애가 있는 누군가를 돕는 데 값지게 쓸 수 있습니다.

비 마이 아이즈 홈페이지.

이와 같은 자원봉사 혁신이 시각장애에만 묶여 있을 까닭이 없습니다. 씨줄 날줄로 어우러져 사는 누리, 누구나 잠깐이라도 스마트폰으로 어떤 사람에게 눈이나 귀, 입과 손발이 되어줄 수 있다면 얼마나 좋을까요? 도움을 받아야 하는 누구라도 움츠러들지 않고 마음껏 손 내밀 수 있도록 만드는 아우름이 바로 지구별에 더불어 사는 우리가 빚어가야 할 누리결이 아닐까요?

가슴으로 빚은 말결

어울려 살지 않으면 살아갈 수 없는 사람들이 서로 뜻을 나누는 데 말보다 앞서는 것이 드뭅니다. 그래서 말이 다르면 뜻을 나누기 어려운데, 서로 같은 말을 쓴다고 하더라도 생각을 말로 풀어낼 수 없을 때가 적지 않지요.

환자를 살리는 새로운 말

"죽을 듯이 아픈데, 뭐라고 말해야 할지 모르겠네." 웬만큼 나이 든 사람이라면 누구나 한 번쯤 이런 적이 있지 않을까요? 몸이 아플 때 "송곳으로 찌르는 듯하다"라 하거나 "불에 데인 것 같다"고도 하며, "뭉글하니 아프다"고도 합니다. 뭉글하다니, 무슨 말일까요? '가슴에 뭔가가 뭉쳐 있는 것과 같은 느낌'을 가리키는 말입니다. 치과를 찾은 어떤 이는 "이가 새그럽다"라고 합니다. 여러 번 되물어 짚어보니 '이가 시리다'는 말이랍니다. 참을 수 없도록 아파 발을 동동 구르면서도 어떻게 아픈지 드러내기 쉽지 않아 쩔쩔매는 환자. 공용어가 하나밖에 없는 우리나라에서도 어렵지 않게 볼 수 있는 풍경입니다. 세계에는 7,000개나 되는 말이 있고, 태국에서만 쓰이는 말도 무려 73개나 된답니다. 말을 알아듣지 못하면 제대로 치료하기 어렵습니다. 어떻게 해야 할까요?

태국건강재단Thai Health Foundation은 자동차 회사 벤츠와 손잡고 이 문제를 풀어냈습니다. 어째서 벤츠였을까요? 벤츠가 만드는 자동차 스프린터가 구급차로 널리 쓰이기 때문입니다. 태국건강재단과 벤츠는 아픔을 고스란히 드러낼 수 있는 족집게 그림인 픽토그램pictogram을 만들었습니다. 픽토그램이란, 알리려고 하는 뜻을 누구라도 헤아리기 쉽도록 빚은 그림부호입니다. 흔히 볼 수 있는 비상구나 화장실 표지가 좋은 본보기지요. 이들이 개발한 픽토그램은 사람들이 겪을 수 있는 아픔을 13가지 그림으로 나타내어 누가 보더라도 어떻게 아프다는 것인지 어렵지 않게 의사에게 드러낼 수 있도록 도와줍니다.

태국건강재단이 벤츠와 손잡고 개발한 통증 픽토그램.

윗줄은 '뒤틀리는 듯한 아픔' '쥐어짜는 것처럼 아픔' '타는 듯한 아픔' '찌르는 것과 같은 아픔'입니다. 가운뎃줄은 '찢기는 듯한 아픔' '얼얼하게 저려오는 아픔' '전기가 오는 것처럼 찌릿찌릿한 아픔' '바늘로 콕콕 쑤시는 듯한 아픔' '때리는 듯한 아픔'입니다. 아랫줄은 '견디기 힘든 어지러움' '터질 듯한 아픔' '꽉 조이는 것 같은 아픔' '뻣뻣해지는 아픔'입니다. 사람들이 겪을 수 있는 13가지 아픔을 알기 쉽도록 단순하게 그려낸 픽토그램이 오진으로 일어날 수 있는 사고를 크게 줄이고 있습니다. 작은 것이 아름답다는 걸 야무지게 드러낸 그림입니다.

통증 픽토그램 영상.

— 시각장애인과 비장애인이 함께 보는 점자

2018 평창 동계패럴림픽에서는 메달에 점자를 새겨 넣어 화제가 됐습니다. 디자이너 이석우는 “시각장애 선수들도 메달을 만져보며 평창올림픽을 더불어 느낄 수 있도록 하고 싶었다”라고 밝혔습니다. 한글에서 영감을 받았다는 동계패럴림픽 메달은 ① 가로로 이뤄진 사선, ② 패럴림픽 엠블럼, ③ 점자로 새겨진 대회명 ‘PyeongChang 2018’, ④ 옆모서리에 ‘평창동계올림픽이공일팔’에서 자음인 ‘ㅍㅇㅊㅇㄷㅇㄱㅇㄹㄹㅁㅍㄱㅇㄱㅇㅇㄹㅍㄹ’만 돋을새김했습니다.

점자는 시각장애가 있는 사람이 세상을 보는 창입니다. 그러나 잘못 표기해 어려움을 겪는 일이 흔하다고 합니다. 점자 방향이 잘못되거나, 아예 표기하지 않은 일도 잦지요. 시각장애인에게 점자 표기가 잘못되거나 빠지는 것은 눈이 한 번 더 가려지는 것과 마찬가지입니다. 점자는 이렇게 늘 ‘곁다리’입니다. 시각장애가 없는 사람들이 점자를 받아들이고 헤아리는 데 무딘 데다, 점자를 적을 곳이 따로 있어야 하기 때문입니다.

그런데 여기, '왜 나는 점자를 읽을 수 없는가'라는 순수한 고민에서 태어난 점자가 있습니다. 젊은 일본 디자이너 코스케 다카하시高橋 鴻介가 개발한 점자인데요, 여느 사람들이 보는 글씨 안에 들어 있는 이 점자는 시각장애인과 비장애인이 모두 같은 글자를 함께 보고 뜻을 알아차릴 수 있게 고안되었습니다. 널리 쓰이는 영문 폰트 헬베티카 노이에Helvetica Neue가 원형이랍니다. 로마자 알파벳과 브라유(로마자 점자)를 어울려 빚은 폰트, 브라유 노이에Braille Neue. 브라유 점자를 로마자 알파벳과 아라비아 숫자에 일대일로 마주 세웠습니다. 점자 알파벳은 본디 로마자 알파벳과 일대일로 대응했습니다. 같은 문자 체계였으니까요. 그러나 안타깝게도 시각 이미지에 맞게 점자가 설계되지 않아 알파벳 A를 점자로 쓰면 'A 모양'이 나오지 않았습니다. 그런데 다카하시 폰트는 점자와 로마자 알파벳이 멋들어지게 어울리도록 기존 문자에 점자를 덧씌웠습니다. '삐침(글자 획 끝)'을 조금 틀어 기존 문자를 그대로 쓰면서도 장애인과 비장애인을 모두 아우를 수 있도록 했습니다.

다카하시는 시각장애인이 로마자 알파벳과 일대일로 대응한 점자 알파벳이 표시된 안내 표지를 읽을 수 있는지 거듭 확인하며 연구한 결과, 시각장애인은 점 6개 패턴만 있으면

브라유 노이에 스탠다드. | QR코드: 브라유 노이에 홈페이지.

글씨가 크고 작고를 떠나 읽을 수 있다는 것을 알아냈습니다. 이 덕분에 작게 표기되어 눈에 띄지 않는 브라유 점자와 달리, 브라유 노이에는 공공 안내 표지에 새롭게 쓰일 수 있었습니다. 시각장애인은 비장애인과 같은 표지로 안내를 받을 수 있으며, 비장애인은 점자를 더 잘 인식할 수 있어 좋습니다. 폰트는 영어 알파벳으로 구성된 브라유 노이에 스탠다드와 영어 알파벳과 일본어 가나로 구성된 브라유 노이에 아웃라인 두 가지입니다. 특히 아웃라인 폰트는 어떤 글자 위에도 올려놓을 수 있어서, 모든 폰트를 점자 공용으로 만들 수 있다고 하네요.

난민을 아우르는 실시간 통번역 앱

몇 년 전, 제주도를 찾은 예멘 난민들을 받아들여야 하느니 마느니 하며 우리나라 사람들은 격하게 입씨름을 벌였습니다. 70년 전 한반도에 전쟁이 한창일 때, 우리나라 사람들은 모두 난민이었습니다. 그 전쟁이 아주 끝난 것도 아닙니다. 잠시 쉬고 있을 뿐이지요. 전쟁이든 자연재해든 재난이 닥치면 누구라도 난민이 되지 않을 수 없습니다. 살아남으려고 고향을 떠나 떠도는 이들이 새로운 삶터를 얻기란 낙타가 바늘귀를 지나기만큼이나 힘듭니다. 그 틈을 비집고 어디에 머문다고 해도 그곳에서 맞닥뜨리는 문화 장벽은 높고 버겁기만 하지요. 언어 장벽은 더 넘기 어려운 담입니다. 직업을 가지려 해도, 병이 들어 의사를 찾거나 법에 얽힌 문제를 풀려고 변호사를 만나더라도 뜻을 나누기 힘들어 답답할 뿐입니다. 난민을 돕는 사람들과도 말을 주고받을 수 없어 겪는 어려움이 수두룩하지요.

다행스럽게도 난민과 구호 전문가들이 맞닥뜨리는 어려움을 덜 수 있도록 돈을 받지 않고 통번역을 해주는 다리가 있습니다. 바로 통번역 앱 타짐리Tarjimly입니다. 타짐리는 난민이 하는 말을 바로바로 통번역해주면서 사람을 이어주는 서비스로, MIT를 나온 동무 셋이 유럽 난민 캠프에서 번역 봉사를 한 경험을 살려 만들었습니다. 난민들은 단 몇 분 만에 영어, 스페인어, 이탈리아어, 아랍어, 소말리아어, 에티오피아어, 미얀마어를 비롯해 모두 80개가 넘는 말로 맞춤 통번역 서비스를 받을 수 있습니다.

쓰기는 아주 간단합니다. 대화창을 열어 간단히 자기 소개를 하고, 음성이나 문자 메시지, 사진이나 동영상을 보내 통역이나 번역을 해달라고 하면 됩니다. 전화로도 부탁할 수 있습니다. 사용자에게는 채팅할 때마다 새로운 전화번호가 주어집니다. 이는 사용자 신원을 드러내지 않는 장치로, 이 번호는 세션이 이어지는 동안만 쓸 수 있습니다. 이제까지 긴급 의료 서비스, 망명 인터뷰, 구조 작업처럼 법, 의료, 교육, 취업 같은 분야에서 도움을 주고 있습니다. 언어 장벽을 낮추는 타짐리가 난민과 현지인들이 서로 잘 헤아릴 수 있는 옹근 다리 노릇을 하길 빕니다.

타짐리 홈페이지.

이 소식들과 만나면서 한 이야기가 떠올랐습니다. 사장을 아울러 모든 직원이 2급 이상의 장애가 있는, 화장지를 만드는 회사가 있었습니다. 사장은 자폐장애 1급인 40대 남성을 채용했고, 그 사람에게 화장지 담는 일을 시키려고 숫자 세는 것을 가르쳤습니다. 그러나 그이는 한 해가 넘도록 여섯까지밖에 세지 못했습니다. 그런데 어느 날, 이 사람이 저도 화장지를 담겠노라고 떼를 씁니다. 숫자를 세지 못해 안 된다고 하는데도 막무가내로 우깁니다. 하는 수 없이 '해보고 못 하겠으면 그만두겠지, 뭐' 생각하면서 해보라고 합니다. 뜻밖에 12개짜리 포장은 말할 것도 없이 24개짜리 포장도 거뜬히 해냅니다. 숫자를 세지 못하는 사람이 어떻게 담을 수 있었을까요? 눈썰미입니다. 말은 뜻을 드러내는 것 가운데 하나일 뿐, 일을 풀어가는 것은 머리와 몸입니다. 자폐장애인이 보여준 이 힘이나 앞서 나온 얘기들은 모두 말을 넘어서는 가슴으로 빚은 말결입니다.

사물지능이 여는 보살피아드

이세돌과 알파고가 바둑을 둔 뒤로 인공지능을 비롯한 앞선 과학기술이 새롭게 눈길을 끕니다. 이걸 보면서 기계에 일을 빼앗기고 밀려날까 봐 두려워하는 분이 적지 않습니다. 물릴 수 없는 일이라면 물꼬를 좋은 쪽으로 돌릴 수는 없을까요? 삶을 보듬어주는 살림 기술들이 있습니다.

— 마음대로 도수를 바꿀 수 있는 안경

하루에 여러 시간 스마트폰 화면을 들여다보는 사람들은 시력이 낮아지는 어려움을 겪습니다. 안경은 저마다 시력에 알맞은 도수가 있어야 하는데, 시력이 갑자기 떨어지거나 도수가 다른 안경을 쓰면 눈앞이 흐려지거나 어지러워 견디기 어렵습니다. 선진국 사람은 시력 교정을 받은 비중이 60%나 된다고 합니다. 그러나 살림 형편이 넉넉하지 못한 가난한 나라에서는 안경 쓰는 사람을 찾아보기도 어렵습니다. 돈도 돈이거니와, 시력을 재는 검안사가 턱없이 모자라기 때문입니다. 아프리카 말리에는 인구 100만 명에 검안사가 한 사람밖에 없습니다. 검안사가 800만 명에 한 사람밖에 없는 곳도 있답니다. 자라는 아이들은 커감에 따라 시력이 점점 떨어져 거듭 안경을 바꾸지 않으면 안 됩니다.

'번번이 안경을 맞추기 어려운 처지에 놓인 사람들을 도와줄 수는 없을까?' 하고 오래도록 고민해온 사람이 있습니다. 옥스퍼드대학교 물리학 교수인 조슈아 실버Joshua Silver는 1985년부터 20년 동안 끈질기게 물고 늘어져 안경 쓰는 사람이 스스로 제 눈에 도수를 맞출 수 있는 맞춤 안경을 만들었습니다. 안경다리에 주사기가 달린 어드스펙스Adspecs인데요, '액체 안경'이라 불리기도 합니다.

안경을 쓰고 양쪽 다리에 달린 톱니바퀴를 돌려 가장 잘 보이는 지점을 찾습니다. 그리고 양옆에 있는 버튼을 눌러 액체를 넣어주면 제게 맞는 새로운 렌즈가 만들어지는 것이지요. 주사기로 들어가는 액체는 실리콘 오일로 쉽게 날아가지 않

어드스펙스를 착용한 아이. | QR코드: 어드스펙스 소개 페이지.

아, 도수가 높은 렌즈에도 잘 어울립니다.

열다섯 개 나라에서 3만여 명이 쓰고 있습니다. 15달러 안팎으로 여느 안경보다 비싸지는 않지만, 하루에 1~2달러로 살아가는 개발도상국 사람들에겐 적잖이 부담스러운 값입니다. 조슈아 교수는 꾸준히 기술을 개발해서 안경 값을 1달러까지 낮추겠다고 합니다. 또 시력 관련 비영리단체 글로벌 비전Global Vision과 손잡고 안경이 있어야 하는 10억 명에게 거저 나눠 주겠다고 나섰습니다.

어드스펙스보다 더 쉽게 도수를 맞출 수 있는 안경도 나왔습니다. 세계에서 가장 큰 가전·정보기술 전시회인 CES 2021 웨어러블 기술 부문에서 혁신상을 받은 튜너블 안경Tunable Glasses입니다. 미국 디자인 회사 보이VOY가 디자인한 튜너블 안경은, 쓰는 사람 시력에 맞춰 도수를 마음대로 바꿀 수 있는 똑똑한 안경입니다.

여느 안경과 달리 이 안경은 안경테 끝에 다이얼이 달려 있어요. 여기에 똑똑함이 숨어 있습니다. 누구라도 이 안경을 끼고 다이얼을 돌려 도수를 올리고 내릴 수 있습니다. 보이사에서는 "독서와 인터넷 서핑, 운전과 스포츠 등 달라지는 환경에 따라 알맞은 안경 도수를 찾을 수 있다"고 말합니다. 시력뿐 아니라 쓰임새에 따라 도수를 오르내릴 수 있다는 말입니다. 값은 79달러로 여느 안경보다 비싸다고 할 수는 없으나, 아프리카 개발도상국에 사는 어려운 이들이 쓰기에는 아무래도 부담이 많을 수밖에 없겠네요. 하나를 사면 어려운 사람들에게 하나가 기부된다든지 하는 틀이 더해져도 좋겠습니다.

튜너블 안경. | QR코드: 보이 홈페이지.

여느 사람들은 몸을 자유롭게 놀릴 수 없는 것이 얼마나 큰 괴로움인지 알지 못합니다. 파킨슨 환자들은 팔과 다리가 떨려 무엇을 집을 수도 마음대로 걷기도 어렵습니다. 문제는 치료할 수 없다는 데 있습니다. 그러나 이제 이분들에게도 희망이 생겼습니다.

2014년 런던에 있는 어느 병원에서 일하던 의대생 파이 옹 Faii Ong. 마침 파킨슨병에 걸린 103살 된 할머니가 손이 떨려 수프를 제대로 먹지 못하고, 이리 쏟고 저리 흘리는 모습을 봅니다. '손 떨림을 줄여서 편하게 사시도록 할 순 없을까?' 하는 고민에 빠지는데요, 문득 어릴 적 가지고 놀던 팽이를 떠올립니다. 그리고 파이 옹은 2년 뒤 자이로 글로브Gyro Glove를 선보입니다. 파이 옹이 창업한 영국 의료기기 회사 자이로 기어Gyro Gear가 내놓은, 손 떨림을 막아주는 놀라운 장갑입니다. 비밀은 손등에 불룩 튀어나온 곳에 있습니다. 장갑을 끼면 팽이를 손등에 올려놓은 것과 같아, 손이 옆으로 흔들리지 않는답니다. 회전 원리로 손 떨림을 막은 것이지요. 손등에서 디스크가 빠른 속도로 돌면, 디스크를 버티고 있는 중심축으로 곧게 서려는 힘이 옆으로 흔들리는 것을 잡아준다는 말입니다. 파킨슨 환자가 겪는 손 떨림을 크게는 90%까지 줄일 수 있다

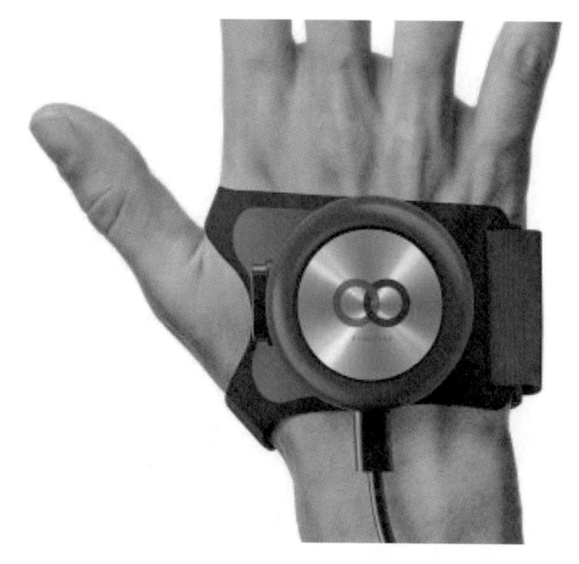

자이로 글로브. | QR코드: 자이로 기어 홈페이지.

고 합니다. 또한 장갑 회로 기판이 손이 떨리는 정도를 앱으로 보내 환자와 의사를 이어줍니다. 떨림 정도를 모니터링하고 적바림할 수 있도록 하여 좋아지거나 나빠진 결과를 의사가 바로 알 수 있도록 했으니, 사물지능이라고도 하겠습니다.

손 떨림을 줄이려고 태어난 자이로 글로브는 파킨슨 환자 말고도 쓰임새를 넓힐 수 있습니다. 수술하는 외과 의사가 이 장갑을 끼면 손놀림이 안정되어 보다 섬세한 수술을 할 수 있다는 말이지요.

전 세계에 듣지 못하는 사람이 3억 6,000만 명이나 된답니다. 이 중 대부분은 보청기만 끼어도 소리를 웬만큼 들을 수 있다고 하는데요, 하루 1달러로 살지 않으면 안 되는 어려운 나라 사람에겐 보청기 값도 문제려니와 자주 갈아야 하는 배터리 값이 더욱 무겁습니다.

하워드 와인스타인Howard Weinstein은 아프리카 보츠와나에 있는 두메산골 마을 오체를 찾았습니다. 그곳에서 열 살 때 병으로 죽은 딸 이름이 똑같은, 소리를 듣지 못하는 아이를 만납니다. 집안 형편이 어려워 배터리를 살 수 없다는 말을 듣고 안타깝게 여긴 하워드. '어떻게 하면 부담 없이 살 수 있는 보청기를 만들 수 있을까' 하는 생각에 빠집니다. 그러곤 햇빛으로 충전할 수 있는 보청기 솔라 이어Solar Ear를 만들어냅니다. 하워드가 개발한 솔라 이어는 8시간쯤 햇빛에 내어놓으면 충전이 되고 값도 여느 보청기보다 쌉니다. 버려지는 배터리도 없어 환경도 지킬 수 있으니 일석삼조지요. 솔라 이어를 조립하고 만드는 사람도 모두 청각장애인이며, 남은 돈으론 가난한 남미 시골에 사는 청각장애 아이들이 교육받을 수 있도록 돕고 있답니다.

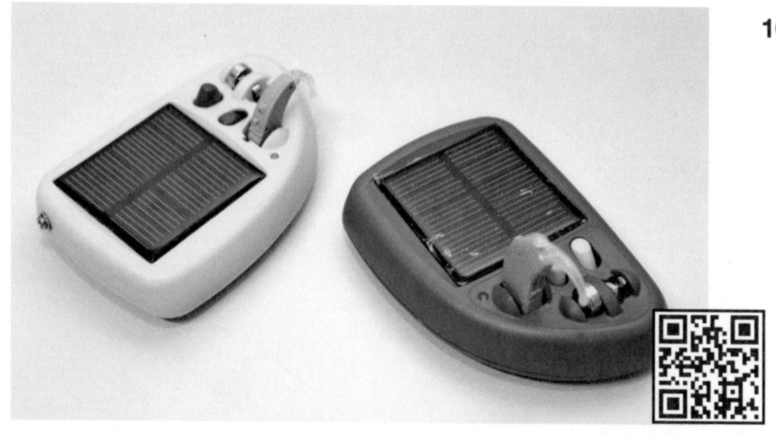

솔라 이어. | QR코드: 솔라 이어 홈페이지.

기술 바탕은 또렷한 차가움입니다. 그러나 아무리 차가운 기술과 기계일지라도, 그것을 쓰는 사람이 글썽이는 마음으로 보고 살피면 보듬어 아우르지 않을 수 없고, 그 아우름이 바로 '살림'입니다. 사물지능이 여는 보살피아드, 사람에게 달렸습니다.

2부

AFFECTIONATE TECHNOLOGY
APPROPRIATE TECHNOLOGY
SOCIAL ENTERPRISE
SUSTAINED DEVELOPMENT
ZERO WASTE

지구를 살리는 살뜰한 노력

꿀이 흐르는 자동차 공장

지구에서 사는 푸나무 75%가 벌과 나비 같은 벌레들 도움으로 짝짓기하는데, 80%가 꿀벌 몫입니다. 그런 꿀벌이 줄어들고 있다는 얘기 들으셨지요? 미국 정부도 진드기, 바이러스, 곰팡이, 대기오염, 농약 탓으로 해마다 30~40%에 이르는 꿀벌이 사라지고 있다고 털어놓습니다. EU도 야생벌 2만여 종 가운데 8천여 종이 멸종 위기에 놓여 있으며, 2035년엔 꿀벌이 다 사라질지도 모른다며 한걱정합니다. 이렇게 자연에 켜진 빨간불을 보고 꿀벌 기르는 데 힘을 보태겠다며 자동차 업체들이 나섰습니다.

롤스로이스는 2017년 5월 20일, UN이 정한 세계 꿀벌의 날Wolrd Bee Day을 맞아 꿀벌 지킴이가 되겠다고 나섰는데요,

영국 전통 목제 벌통 여섯 개를 만들어 그 안에서 꿀벌을 키웁니다. 벌통에는 롤스로이스 비스포크 워크숍에서 만든 스테인리스 이름표가 달려 있습니다. 비스포크 워크숍이란, 주문에 따라 롤스로이스 자동차 부품을 만드는 공장 이름입니다. 벌통 다섯 개에 롤스로이스 라인업인 '팬텀' '레이스' '고스트' '던' '컬리넌'이라는 이름이 붙어 있습니다. 마지막 벌통은 롤스로이스 후드 오너먼트(엠블럼)로 널리 알려진 '환희의 여신상Spirit of Ecstasy'이라고 부릅니다.

본사가 있는 영국 굿우드 공장 둘레에 있는 땅 5만여 평에서 꿀벌을 25만 마리를 길러 한 해에 100kg에 이르는 꿀을 땁니다. 이 꿀을 본사를 찾은 손님과 VIP 손님에게 선물합니다.

자연을 아끼는 제조 시설 가운데 하나인 굿우드 공장은, 가까운 연못과 숲을 지키려고 나무 50만 그루와 여러 들꽃을 심어 가꿉니다. 아울러 지붕 '리빙 루프Living Roof'에도 들꽃들을 심어 '생물 다양성 보전 프로젝트'를 펼치면서 꿀벌을 늘리고 꿀벌이 좋은 꿀을 빚을 수 있도록 힘쓰고 있습니다.

벤틀리도 이에 질세라 꿀벌 기르기에 뛰어듭니다. 영국에 있는 본사 공장인 크루 공장 가까이 100만여 그루에 이르는 나무와 들꽃을 심고, 2019년부터 꿀벌 12만 마리를 키우기 시작해 2020년에는 30만 마리나 키우고 있습니다. 벤틀리가 키우는 꿀벌 애칭은 '플라잉 비Flying Bee'입니다. 벤틀리 후드 오

굿우드 양봉장에서 꿀벌을 기르고 있는 모습.

너먼트 '플라잉 비Flying B'와 같은 발음이지요. 벤틀리 벌통에는 장인들이 직접 새긴 벤틀리 명판이 새겨져 있습니다.

요사이에는 50년이 넘는 양봉 경력을 가진 사람을 뽑아 꿀벌 기르기에 정성을 쏟습니다. 거둬들인 꿀은 공장 노동자와 공장을 찾는 손님들에게 나누어 줍니다.

포르쉐도 독일 라이프치히에 있는 자동차 오프로드 시험 코스에 300만 마리에 이르는 꿀벌을 기릅니다. 한 해 꿀 생산량이 3,000kg에 이르러 자동차 회사로서는 가장 많은 꿀을 따는 기업입니다. 노련한 양봉가들이 꿀벌을 정성껏 돌보며, 환경 교육 프로그램 '포르쉐 사파리Porsche Safari'에 찾아온 손님들에게 꿀벌 살림살이를 풀어 알려줍니다. 관광객들은 일벌

한 마리가 날마다 200여 송이에 이르는 꽃을 찾아가고, 꿀 1kg을 얻으려면 꽃을 적어도 백만 번이나 찾아가야 하며, 어떤 꿀벌은 꿀 1kg을 따려고 지구를 세 바퀴 돌 만한 거리를 오간다는 이야기를 듣고는 놀랍니다.

꿀벌은 본디 날개가 몸통에 견줘 몹시 작아서 날 수 없도록 태어난 벌레였습니다. 그러나 꿀벌은 스스로 날 수 있다고, 날아야 한다고 다짐하며 10초에 날갯짓을 서른서너 번이나 해 날아오릅니다. 윙윙거리는 꿀벌 날갯짓 소리를 듣고 금세 꿀을 20%나 더 달게 만드는 꽃도 있답니다. 농장을 찾은 이들에게 양봉사는 이와 같은 이야기를 들려줍니다.

포르쉐는 오프로드를 자연을 지키는 곳으로 만들었습니다. 2002년부터 멸종 위기에 놓인 조랑말과 들소 떼를 아우르고 있는데요, 이곳에서는 사슴, 양서류, 박쥐와 같은 여러 동물이 어우러져 살아갑니다.

포르쉐가 꿀을 기르기로 한 것도 롤스로이스와 마찬가지로 2017년 5월입니다. 독일에서 꿀벌이 줄어들어 멸종 위기 고위험군에 놓였기 때문입니다. 포르쉐는 꿀벌이 마음 놓고 살 수 있는 보금자리를 만들어주려고 12만여 평을 떼어내 이 일을 했다고 하는데요, 여기서 나온 꿀은 라이프치히 서비스센터에서 한 병에 만 원을 받고 팔고 있습니다.

BMW도 본사가 있는 독일 뮌헨과 라이프치히 자동차 주행

포르쉐에서 빚은 벌꿀.

시험 시설 가까이에서 꿀벌 25만 마리를 키우고 있고, 포드도 지난 2018년부터 36만 마리나 되는 벌을 길러 전역 군인 사회 복귀 지원과 꿀벌 살리기를 한꺼번에 하고 있습니다.

토요타 또한 미국 공장 둘레를 꿀벌 보금자리로 만들었습니다. 또 포르쉐처럼 꿀벌뿐 아니라 멸종 위기에 몰린 다른 생명을 지키는 데에도 힘쓰고 있습니다. 오모리 공장에 사는 호토케 미꾸라지나 사쿠라 오리나무가 본보기입니다. 오모리 공장은 일본 시즈오카현 코사이시에 있는데, 이곳에서 토요타 하이브리드 차 배터리를 만들고 있습니다.

오모리 공장이 있던 곳은 본디 큰 숲이었답니다. 토요타가 이곳에 공장을 세우겠다고 발표하자, 이곳에 공장이 생기면 자연이 무너진다는 여론이 들끓었습니다. 토요타는 이를 기꺼이 받아들여, 숲을 되살리겠다는 뜻을 세우고 그 일을 꾸준히 해왔습니다. 결국 토요타는 이곳 자연을 되살려냈고, 공장을 지으면서 다른 곳으로 옮겨두었던 멸종 위기종들을 다시 이 숲으로 옮겨와 자연과 자동차가 함께 어울릴 수 있다는 본보기를 보여주었습니다. 토요타는 "앞으로도 제조업과 자연 두 마리 토끼를 모두 잡는 기업이 되겠다"고 밝혔습니다.

자동차 업체들이 너나없이 꿀벌을 비롯해 멸종 위기에 몰린 종들을 살리겠다고 나서는 까닭이 어디에 있을까요? 자동차가 공기를 더럽혀 지구 온난화에 한몫했다는 뉘우침에서 비롯합니다. 덧붙여 메마른 공장 둘레를 꽃으로 가꾸면서 관광객을 불러들여 마을 살림에 힘을 보탤 수 있으며, 손님들에게 꿀을 나누면서 자연을 아우른다는 좋은 이야기를 들을 수 있기 때문입니다.

맑은 물 마실 권리

메마른 사하라 서부 스페인령에 있는 섬 엘이에로. 이곳은 연간 강수량이 열흘밖에 되지 않는데도 나무와 풀이 자라고 물을 많이 먹는 동물들이 뛰놉니다. 어찌된 일일까요? 이곳 나무들은 금세 날아가버리는 안개가 잘 고이도록 안이 옴폭하고 자잘한 잎들을 달고 있습니다. 사람들은 여기서 영감을 얻어 섬 곳곳에 커다란 체처럼 생긴 안개 수집기를 세워 물을 모읍니다. 하베스팅Harvesting입니다. 바람, 물, 햇빛 등 자연에 있는 에너지를 전기 에너지로 바꾸어 쓰는 기술을 '하베스팅'이라고 합니다.

호주 회사 에프큐브F-Cubed에서 만든 캐로셀 패널Carocell Panels은 판 위에 물을 넣고, 중력에 따라 물이 아래로 떨어지는 동안 햇볕이 물을 데워 수증기를 만듭니다. 이때 만들어진 수증기를 모아 다시 물로 걸러낸 뒤, 자외선이나 열기를 쪼여 균을 죽이면 맑은 물이 만들어집니다. 패널 하나가 하루에 맑힐 수 있는 물은 20~25L랍니다. 패널 5개만 있어도 하루 100~125L나 되는 맑은 물을 빚습니다. 하루 50~65명이 마실 수 있는 양입니다. 또 빗물, 바닷물, 지하수, 심지어 고여 있는 더러운

캐로셀 패널. | QR코드: 캐로셀 패널 소개 영상.

물도 우리가 마실 수 있는 맑은 물로 탈바꿈시킵니다. 특히 빗물은 균만 죽이면 바로 쓸 수 있어 많은 물을 맑힐 수 있습니다. 물 수요에 따라 모듈 수만 늘려서 세우면 많은 물을 거를 수 있고, 필터가 없으니 유지비도 들어가지 않습니다. 또 편평한 땅이나 옥상을 비롯해 여러 곳에 세울 수 있고 전력 비용도 들지 않아, 물이 모자라 허덕이는 나라가 맑은 물을 얻는 데 큰 도움을 주고 있습니다.

바람이 나눠 주는 깨끗한 물

캐로셀 패널이 햇볕 도움을 받았다면, 프랑스 회사 에올 워터Eole Water는 바람으로 전기와 물을 한꺼번에 만들어낼 수 있는 풍력 터빈을 만들었습니다. 에올 워터 대표 마크 파렌트Marc Parent가 열악한 전기와 식수 문제를 풀려고 골똘하다가 에어컨에서 흘러나오는 물에서 아이디어를 얻어 개발했습니다. 공기에 담긴 습도를 빨아들이고, 이를 응축해 물을 만드는 시스템입니다. 바람으로 터빈을 돌려 전기를 만들고, 이 전기로 터빈 안에 세운 냉각기를 움직여 수증기를 물로 응축시키는 것이지요. 살펴보면 먼저 커다란 날개가 돌아가면서 터빈이 공기를 빨아들이고, 안에 있는 냉각기가 공기 속 수증기를 차갑

에올 워터에서 만든 풍력 터빈. | QR코드: 풍력 터빈 소개 영상.

게 식혀 물방울을 빚습니다.

이렇게 빚은 물방울들을 자외선으로 살균한 뒤 거름막으로 걸러내면, 깨끗한 물을 얻을 수 있습니다. 한 대 있으면 하루에 먹는 물 1.5톤이나 만들 수 있습니다. 게다가 물을 맑게 거르고 남은 전기 또한 가까운 곳에서 쓸 수 있기 때문에, 풍력 터빈 하나면 발전소와 댐, 정수 처리장을 한꺼번에 가지고 있는 것과 다름없습니다. 더욱이 전기와 물을 만드는 데 온실가스 배출이 전혀 없고, 100% 재활용할 수 있는 부품만을 써서 더욱 돋보입니다.

공기가 나눠 주는 결 고운 물

아프리카 나미브 사막에 사는 스테노카라 딱정벌레는 특별한 재주를 지녔습니다. 겉날개에 수분을 모으는 돌기가 있다고 합니다. 메마른 사막에서 안개가 꼈다 걷히는 짧은 순간, 스테노카라는 양 날개를 활짝 펼칩니다. 안개 속 수분은 돌기에 맺혀 물방울이 되고, 물방울은 돌기 사이에 파인 홈을 따라 흘러내려 딱정벌레 입으로 들어갑니다.

나미브 사막에 딱정벌레가 산다면, 에티오피아엔 와카 워터 타워Warka Water Tower가 있습니다. '와카Warka'란 이름은 에티오피아에만 있는 무화과나무인 와카나무에서 따온 것입니다. 또한 신에게 기도한다는 영적인 뜻도 있지요. 와카 워터 타워는 꽃병처럼 생긴 탑입니다. 이 탑은 공기 중에 떠다니는 물기를 모아 물을 만듭니다. 바깥은 대나무를 격자 모양으로 엮은 나선형 모양입니다. 탑 안쪽에는 폴리에스테르로 만든 오렌지색 그물을 둥그렇게 둘러 쳤고, 그물 아래엔 물받이를 달았습니다. 낮과 밤 기온차가 커지면 풀잎에 이슬이 맺히듯, 공기 중 물기가 이 그물망에 붙어 물방울로 맺히고 아래쪽 그릇에 고입니다. 대나무 탑은 고인 물을 더럽히지 못하도록 막는 울타리이자, 그물망 온도를 낮춰주는 냉장고 구실을 합니다. 바람이 센 사막 지역에서도 넘어지지 않도록 하려고, 위에

와카 워터 타워. | QR코드: 와카 워터 타워 홈페이지.

서 아래로 내려갈수록 넓어지는 구조로 되어 있습니다. 이렇게 밤새 이슬로 모인 물이 95L나 된답니다.

이탈리아 건축가 아트루이오 비토리Atruio Vittori와 스위스 건축가 안드레아스 보글러Andreas Vogler가 물이 모자라 쩔쩔매는 에티오피아 사람들을 보듬으려고 빚었습니다. 일주일이면 너끈히 세울 수 있다는 와카 워터 타워는 주민들도 손쉽게 배워서 직접 만들 수 있다고 합니다. 와카 워터 타워 한 대를 세우는 데 드는 돈은 우리 돈으로 50만 원밖에 되지 않는다니까, 십시일반으로 모은다면 그다지 버겁지는 않을 것 같습니다.

이제까지 말씀드린 설비들이 여느 기계보다 간단하게 마시는 물을 만들어내는 것은 사실입니다. 그러나 구조물을 세우고 관리할 힘이 없는, 자연재해나 전쟁을 겪고 있는 곳에서는 어떻게 해야 할까요? 미국 기업 퓨랠리틱스Puralytics는 급히 구호에 나서야 할 곳이나, 두메산골에 있는 의료 봉사자들에게 보다 간편하게 물을 마실 수 있도록 하는 놀라운 물건을 개발했습니다. 솔라 백Solar Bag입니다. 이름에서 알 수 있듯이 햇빛으로 물을 맑히는 주머니입니다. 이 주머니에서 가장 중요한 구실을 하는 것은 물을 처리하는 망입니다. 햇빛으로 활성화되는 나노 광촉매를 코팅해 만든 물 처리 망은, 물에 달라붙은

솔라 백. | QR코드: 솔라 백 소개 페이지.

여러 가지 더러운 물질을 분해하고, 박테리아 살균을 비롯해 난분해성 유기물질도 말끔하게 없앱니다. 전기와 화학약품 도움을 받지 않고 오로지 햇빛만 6시간 쬐어주기만 하면 3L나 되는 마실 수 있는 물을 만들어내는 솔라 백. 하나에 우리 돈으로 10만 원쯤이라는데, 수백 번이나 되쓸 수 있다고 합니다.

퓨랠리틱스가 만든 솔라 백까지는 아니더라도 에프큐브에서 만든 캐로셀 패널이나 에올 워터에서 만든 풍력 터빈, 아키텍처&비전에서 만든 와카 워터 타워 같은 기구들을 우리나라 실정에 맞도록 바꿔 세우면 어떨까요? 아니면 우리나라 사람들이 개발한 적정기술로 만든 기구들을 세워 물 부족 문제를 풀어 나가면 어떨까요? 자꾸 커다란 계획을 세워야 한다는 강박에서 벗어나, 뜻이 맞는 사람들끼리 모여 작은 기구들을 만들어 세워보면 어떻겠습니까?

아이들에게
빛을 선물하다

여기, 한 아이가 밤마다 책 보따리를 들고 맥도날드 가게 앞으로 갑니다. 길가에 앉아 가게에서 새어 나오는 불빛 앞에 책을 펴고 공부합니다.

2015년 6월 마닐라에 사는 의대생 조이스 토레프렌카는 맥도날드 가게 앞에 조그마한 나무 책상을 펴고 공부하는 아홉 살짜리 아이 대니얼 카브레라를 찍어 페이스북에 올렸습니다. 'I got inspired by a kid'(나는 한 아이에게서 영감을 받았다)란 제목을 달아서요. 필리핀 세부 만다우에 사는 카브레라는 다섯 해 전 집에 불이나 집을 잃고 어머니가 일하는 편의점에서 지내고 있습니다. 공부할 곳이 없는 카브레라는 늦은 밤에도 불을 환히 밝히는 맥도날드 가게 앞에 앉아 주워 온 나무 책상에서

조이스 토레프렌카가 페이스북에 올린 대니얼 카브레라 사진.

숙제합니다.

페이스북에서 이 사연을 본 사람들이 아이에게 돈과 학용품, 교복을 보내줍니다. 이곳 교회와 정부 사회복지관에도 원조금이 수북이 쌓입니다. 토레프렌카는 "제 사진이 카브레라에게 힘이 될 수 있으리라곤 생각도 못 했어요"라고 말하며 뿌듯해합니다. 카브레라는 고맙게도 눈 밝은 젊은이 눈에 띄어 빛을 누릴 수 있었습니다만, 지구별에는 혜택받지 못하는 카브레라가 수두룩합니다.

겉보기에는 아무렇지 않아 보이는 가방이 어떤 아이들을 신나게 했답니다. 가방 덕분에 밤에도 집에서 책을 읽고 공부도 할 수 있게 됐다는데요, 가방 덕분에 책을 읽을 수 있다니, 도대체 어찌된 일일까요? 그 가방 이름이 리퍼포스 스쿨백repurpose schoolbags인데요, 리퍼포스repurpose란 다른 것으로도 쓸 수 있다는 말이에요. 가방에 그런 뜻을 담은 것은 이 가방이 전기를 만들 수 있어서 그렇답니다. 남아프리카 사회적 기업 레타카Rethaka가 빚은 작품입니다. 어떻게 그럴 수 있느냐고요? 가방에 네모난 햇빛판이 달려 있기 때문입니다. 이 가방은 아이들이 가방을 메고 학교에 오가는 동안 부지런히 전기를 만들어냅니다. 만들어진 전기는 햇빛판과 함께 달린 배터리에 쌓여서 LED 램프를 길게는 열두 시간이나 밝힐 수 있다고 합니다.

이 책가방은 무엇보다 버려진 비닐을 되살려 만들어서 더욱 뜻깊습니다. 빛을 받아 내쏘는 비닐 소재 덕분에 먼 길을 걸어 학교에 다니는 아이들에게 안전 조끼가 되어줄뿐더러 방수도 되어 비가 쏟아져도 책이 젖지 않는다네요. 환경과 아이를 모두 살리려는 마음이 빚은 작품이지요.

타토 가틀항예Thato Kgatlhanye가 대학 과제로 시작한 리퍼포

리퍼포스 스쿨백을 들고 있는 아이들.

스 스쿨백은 버려진 비닐봉지 4,000여 개를 살려내 만듭니다. 반응이 뜨겁다 보니, 이제는 비닐봉지를 모으는 시스템도 갖췄습니다. 가방 값은 23달러. 레타카는 기업과 개인에게 도움을 받아 학습 도구나 가방이 없는 아이들을 찾아 가방과 학용품을 나눠 줍니다. 후원하는 기업이 바란다면 가방 기부 잔치를 하고, 아이들이 고맙다고 쓴 편지를 도움 준 사람들에게 보내어 아름다운 순환 고리를 만듭니다. 더 많은 아이가 밤에 마음 놓고 공부할 수 있기를.

영국 일렉트로니카 밴드 페이스리스Faithless 타악기 연주자였던 수다 케터팔Sudha Kheterpal은 '공연장에서 드럼을 두드릴 때 느껴지는 엄청난 에너지를 모을 수 없을까?' 하는 엉뚱한 생각을 합니다. 2014년 7월 소셜 펀딩 사이트 킥스타터에서 5만 3,000파운드(약 8,400만 원)를 모아 화제가 됐던 '네 힘을 흔들어Shake Your Power' 프로젝트는 단순한 호기심에서 비롯했지요.

수다는 영국 왕립예술학교RCA를 나온 디자이너 다이애나 심프슨Diana Simpson, 국경없는엔지니어회Engineers Without Borders와 손잡고 휴대용 충전기가 될 수 있는 고인돌처럼 생긴 셰이커(타악기) 스파크SPARK를 개발하는데요, 셰이커를 앞뒤로 흔

셰이커 스파크를 들고 있는 아이. | QR코드: 셰이커 스파크 홍보 영상.

들기만 하면 안에 달린 구리선 코일에서 자기장이 일어나 배터리를 충전시키는 원리입니다.

이 전기는 안에 있는 USB 포트로 휴대전화를 충전하거나 불을 밝힐 수 있도록 해주는데요, 깜깜한 밤 하굣길이 무서웠다는 케냐 초등학생 루시 왐부이는 "셰이커를 쓰면서 마음이 놓였어요"라고 했답니다. 스파이스 걸스 출신인 멜라니 C와 수다가 몸담은 밴드 동료 뮤지션들이 너나없이 나서서 셰이커 1,000개를 케냐 어린이들에게 나눠 주었답니다.

식물 발전소

식물이 지닌 힘을 빌려 LED 램프를 밝히는 신기한 화분이 있습니다. 플랜트 램프Plant Lamp가 그것인데요, UTEC 공과대학교와 광고 에이전시 FCB 마요Mayo가 손잡고 만들었습니다. 푸나무가 광합성을 하면서 땅속 미생물을 움직여 전기를 일으킨다고 합니다. 이 전기는 흙으로 채워진 셀 건전지에 담겨 LED 램프를 밝힙니다. 전기가 끊긴 페루 열대우림에 있는 누에보 사포소아라는 농촌 마을을 밝히려고 개발했습니다. 이 식물 램프는 어린아이들이 공부할 수 있게 하고, 어른들은 더 많은 일을 할 수 있도록 도울 것입니다.

플랜트 램프. | QR코드: 플랜트 램프 소개 페이지.

오줌 발전소

지구별에 온 지 3억 5천만 년이나 된다는 바퀴벌레는 오줌을 누는 대신, 공생 미생물을 통해 아미노산으로 되돌려 영양이 모자랄 때 보태는 슬기로운 벌레랍니다. 이 세상에 70억 명이 넘는 사람들이 하루에 쏟아내는 오줌이 얼마나 될까요? 105억 리터나 된다네요. 어마어마하지요? 이 오줌 대부분은 강이나 바다에 버려집니다.

그런데 앞으로는 오줌이 아무짝에 쓸모없다는 생각을 버려야 할지도 모릅니다. 영국 브리스톨웨스트잉글랜드대학교 연구진이 오줌으로 전기를 만들 수 있는 기술을 내놓았거든요.

미생물 연료 전지Microbial Fuel Cel, MFC란 걸 만들었습니다. 미생물 연료 전지란 미생물을 촉매제로 썩은 음식물과 쓰레기, 오줌 같은 유기 화합 물질을 분해하고, 이때 일어나는 화학 에너지를 전기 에너지로 바꿔주는 장치입니다. 화석 연료를 쓰지 않은 친환경 제품이지요. 에너지를 만들어내는 효율 또한 바이오가스가 35%에 그칠 뿐인데, 미생물 연료 전지는 무려 85%에 이를 만큼 뛰어납니다.

화장실은 국제구호단체 옥스팜이 만든 난민 캠프 화장실과 많이 닮았습니다. 화장실 안에는 오줌이 전기로 만들어지는 과정을 한눈에 볼 수 있도록 투명 스크린도 세웠습니다. 이 미생물 연료 전지 하나를 만드는 데 드는 돈은 1파운드(약 1,700원)쯤이며, 이 전지를 넣어 화장실을 만드는 데 드는 돈은

미생물 연료 전지 기술을 적용한 화장실.

600파운드(약 100만 원)면 넉넉하다고 합니다. 반영구로 쓸 수 있다는 미생물 연료 전지는 옥스팜이 만들어달라고 해서 개발했습니다. 빌 게이츠가 세운 빌 앤드 멜린다 게이츠 재단이 2014년 3월 인도 델리에서 연 화장실 전시회에서, 옥스팜과 연구진은 편의시설이 제대로 갖춰지지 않은 난민 캠프에 오줌 발전 화장실을 세울 수 있을지 시험해보자고 뜻을 모았습니다. 재단은 돈을 내놓았습니다. 이제 오줌 발전 화장실은 전기 시설이 모자라는 난민 캠프를 환하게 밝힐 것입니다.

버릴 것 없는 가게

우리 삶에서 빠질 수 없는 쓰레기, 한 해에 생기는 그 양이 엄청납니다. 우리가 사는 물건 대부분은 비닐을 비롯한 종이 상자와 같은 포장재 속에 들어 있습니다. 환경부에 따르면, 생활폐기물 가운데 포장 쓰레기가 35%에 이르는 것으로 나타났습니다.

'쓰레기 없는 삶Zero Waste Lifestyle'을 이어가는 식구들이 있습니다. 캘리포니아주에 사는 베아 존슨네 식구들은 생활용품을 꼭 쓸 만큼만 사고, 다시 쓰기나 되살려 쓰기를 합니다. 한 해가 지나고 집에서 나온 일반 쓰레기를 모두 합치니, 잼 병 하나에 다 담겼습니다. 놀랍지요?

존슨네 식구들은 모든 물건을 미리 가져간 유리병과 버

리는 옷을 잘라 만든 가방에 담아옵니다. 고기나 우유, 양념은 유리병에 담고, 쌀이나 파스타, 채소는 가방에 넣는 거지요. 베아 존슨은 블로그에 "그저 물병을 들고 다니는 것만으로도 돈을 아낄 수 있다. 게다가 비닐 포장을 쓰지 않는 싱그러운 제품을 살 수 있다"라고 올렸습니다. 존슨네 식구들은 5R(Refuse, Reduce, Reuse, Recycle, Rot)만 머리에 담으면 쓰레기 줄이기는 어렵지 않다고 합니다.

Refuse: 없어서 안 될 것이 아니라면 처음부터 사지 않기.
Reduce: 없어서는 안 될 것이라면 쓸 만큼만 사기.
Reuse: 쓰고 나서 버리지 않고 되쓰기.
Recycle: 되쓸 수 없다면 다른 것으로 탈바꿈해 쓰기.
Rot: 버려야 할 것들은 썩혀서 거름으로 쓰기.

이게 말처럼 쉬우려나요? 함께 사는 식구들을 흔들어 삶을 바꿔야 할 뿐만 아니라, 어딜 가든 만나게 되는 일회용품들과 늘 맞서야 할 테지요. 놓치지 말아야 할 것은 '함'입니다. 집 앞 가게에 갈 때 장바구니를 가져가고, 찻집에 갈 때 다회용컵을 가져가거나 매장용 잔에 달라고 하고, 손수건을 가지고 다니면서 휴지를 덜 쓰는 것입니다. 나부터, 아니 나만이라도 덜 쓰고 덜 버리는 버릇을 들여야 해요. 혼자 바뀐다고 바로 세상이 바뀌지 않을 테지요. 밤에서 바로 낮으로 훽 바뀌는 일은 없어요. 아스라이 동이 트는 새벽이 받쳐주며 낮이 펼쳐지듯이, 누군가는 새벽처럼 부연 회색지대를 늘려가지 않으면 안 됩니다.

— 포장 벗긴 슈퍼마켓

독일 환경처에 따르면, 독일에서 한 해 동안 나오는 쓰레기가 1,600만 톤이나 됩니다. 쓰레기 가운데 가장 큰 몫을 차지하는 것이 바로 음식물과 생필품을 포장한 용기와 상자입니다. 여기서 벗어나야 한다고 두 소매를 걷고 나선 이들이 있습니다.

밀레나 글림보브스키Milena Glimbovski는 베를린예술대학에서 커뮤니케이션을 전공하고 채식 식품 전문 유통업계에서 일했습니다. 그는 그곳에서 식품 포장 용기 따위가 쓸데없이 많이 나와 늘 마음이 쓰였습니다. 결국 동료 사라 볼프Sara Wolf와 머리를 맞대고 '포장 벗긴 슈퍼마켓'이라는 콘셉트로 사업을 기획했습니다. 그리고 크라우드 펀딩에 사업 계획을 올려 투자자를 모았습니다. 뜻밖에 4,000여 명 남짓한 사람이 몰려들어, 처음에 모으려고 했던 4만 5,000유로(약 6,000만 원)보다 훨씬 많은 11만 5,000유로(약 1억 5,000만 원)를 모았습니다. 이를 바탕으로 2014년 9월 13일 베를린에 '오리지널 운페어팍트Original Unverpackt' 1호점을 열었습니다.

"쓸 만큼 사가시되, 담을 용기는 가져오세요!"

포장지와 용기를 벗겨내고 알맹이만 팔아 미리 되살리자는

오리지널 운페어팍트 내부 모습. | QR코드: 오리지널 운페어팍트 홈페이지.

슈퍼마켓. 쓰레기가 된 뒤에 되살려 쓰자는 '리사이클링recycling'이 아니라, 아예 처음부터 쓰레기가 나오지 않도록 하는 '프리사이클링precycling'을 이뤄냈습니다.

여러 가지 채소를 비롯해 과일, 파스타, 밀가루, 향신료가 커다란 병이나 그릇에 담겨 있고, 손님들은 저마다 가지고 온 용기나 가방에 담아 셈을 치릅니다. 와인, 샴푸, 샤워젤같이 액체로 된 것도 큰 통에 담겨 있어 쓸 만큼만 따라 사면 됩니다. 치약은 알약으로 되어 있어 다 쓰고 나서 빈 통을 버리지 않을 수 있습니다. 여러 브랜드 제품을 두루 다루는 여느 슈퍼마켓과 달리, 판매자들이 직접 먹어보거나 써본 제품, 환경을 아우르며 현지에서 생산한 제품, 엄선한 한두 가지 브랜드의 상품을 믿고 살 수 있도록 했습니다.

미처 담을 가방을 가져가지 못했다면 그곳에서 가방이나 용기를 사거나 빌려가고 뒷날 돌려주면 됩니다. 1인 가구가 30%에 가까워지는 요즘, 오리지널 운페어팍트는 조금만 사도 되는 좋은 가게입니다. 이 바람에 독일을 찾는 이들이 꼭 가보고 싶어 하는 관광 명소가 됐습니다.

알맹이만 팔고 포장재에 돈을 들이지 않으니 그만큼 값이 쌉니다. 다소 번거롭고 느리지만 물건을 사면서 지속 가능한 환경을 만드는 데 함께하고 있다는 뿌듯함을 누릴 수 있습니다.

우리도 포장 벗긴 가게에서 물건을 사다가 쓰레기 없이 살고 싶다고요? 다행히 우리나라에도 2016년 홍지선과 송경호, 두 젊은이가 어깨동무하고 크라우드 펀딩을 받아 포장 벗긴 가게를 열었습니다. 바로 성수동에 있는 더 피커The Picker입니다. 피커에는 두 가지 뜻이 담겼습니다. 사는 사람이 사고픈 만큼만 골라 갈 수 있다는 뜻과 거둬들이는 사람이란 뜻이 나란합니다. 살아 있는 채소나 과일, 곡식을 거둬들인다는 느낌을 받아가길 바라는 마음에서 이름을 이렇게 지었답니다.

가게에 놓인 모든 것은 포장하지 않고 벌거벗은 채로 가지

더 피커 내부 모습. | QR코드: 더 피커 홈페이지.

런합니다. 사는 사람이 가져온 그릇에 사고 싶은 만큼만 담아 무게를 달아 셈을 치릅니다. 곡식과 과일, 채소는 국내 영농조합이나 사회적 기업에서 들여오는데, 모두 친환경 유기농법으로 기른 것들입니다. 과일과 채소, 견과류로 만든 샐러드와 음료수도 팔고 있습니다. 음식을 만들어 파는 까닭은 식재료를 20kg에서 80kg까지 한꺼번에 사 오기 때문이라고 하네요. 가게에서는 스테인리스 빨대를 쓰고, 사서 나갈 때는 옥수수 추출물, 대나무 펄프로 만든 생분해성 그릇에 담아 줍니다. 화장실 휴지는 되살린 종이로 만들어진 것을 쓰고, 세제 또한 커다란 통에서 쓸 만큼만 덜어 쓰는 등 가게 살림을 하면서 쓰레기를 줄이려고 애쓰고 있습니다. 말 그대로, 버릴 것 없는zero waste 가게입니다.

2020년 6월에는 망원동에도 버릴 것 없는 가게가 문을 열었습니다. 알맹상점입니다. 여기에서는 더 피커와 달리 채소나 과일을 팔지 않습니다. 그러나 더 피커에서는 볼 수 없는 것들이 있습니다. 샴푸를 비롯한 로션, 바디워시, 클렌징, 주방세제, 섬유유연제, 올리브 기름, 발사믹 소스 따위의 액체로 된 제품을 무게 달아 덜어 팝니다. 리필 제품을 사서 쓰면 되지 않느냐고요? 아시잖아요, 리필 제품도 플라스틱이나 비닐에 담겨 나온다는 걸. 게다가 화장품은 리필이 없습니다. 더구나 화장품 용기는 재활용할 수 없어요. 대부분이 PVC가 들어 있거나 구조가 복잡한 탓에 재활용하기 어렵습니다. 그러니 쓰레기통에 화장품 용기를 버리기도 마음이 편치 않습니다. '이 용기에 알맹이만 다시 채울 순 없을까?' 하는 바람으로 만들어진 가게가 바로 알맹이만 파는 알맹상점입니다.

물로 된 세제나 화장품은 5리터들이 통에 담겨 있는데, 용기에는 화장품 제조 업체, 책임 판매 업체, 제조 번호, 제조 일자를 비롯해 성분이 쓰여 있습니다. 알맹상점에서 달아 파는 세탁세제나 섬유유연제, 주방세제는 모두 환경부 친환경 인증을 받았으며, 화장품도 동물실험을 거치지 않았습니다.

이 제품들은 1g 단위로 살 수 있습니다. 먼저 내용물을 담을 용기를 저울에 올려 무게를 달고 사려는 제품을 용기에 담습니다. 그다음 용기 무게를 뺀 내용물 무게를 적어 계산대로 가져가 돈을 내면 됩니다. 알맹이를 다 팔고 용기가 비워지면 용기를 깨끗이 닦고 제조사에 보내 다시 내용물을 담아 옵니다. 이처럼 알맹상점은 쓰레기가 나올 틈을 모두 막습니다.

'알맹' 활동은 2018년 망원시장에서 보증금 500원에 장바구니를 빌려주고, 나중에 반납하면 보증금 500원에 200원을 얹어 주는, "껍데기는 가라 알맹이만 오라"며 나선 '알맹@망원시장' 운동에서 비롯했습니다. 그 뒤로 우리나라에서 처음으로 '세제 리필 팝업숍'을 동네 카페에서 열었습니다. 이들이 모여 알맹상점을 연 것입니다.

알맹상점은 알맹이만 파는 데서 그치지 않습니다. 알맹상점 한 귀퉁이에는 유리병, 플라스틱 용기, 병뚜껑 등이 쌓여 있습니다. 손님에게 집에 굴러다니는 '쓰레기'를 가져오라고 해서 모인 것들입니다. 유리병과 플라스틱 용기는 깨끗이 씻고 소독해 용기를 미처 마련해 오지 못한 손님들이 되쓸 수 있도록 합니다. 플라스틱 병뚜껑처럼 작은 플라스틱은 빛깔별로 가려 서울환경연합에서 운영하는 플라스틱 방앗간으로 보냅니다. 그러면 예쁜 치약 짜개로 다시 태어나 팔리기도 합니다. 그 외에 커피 찌꺼기로 만든 화분, 폐우유팩으로 만든 화장지 따위가 있습니다. 알맹상점은 이윤을 남기는 가게이기도 하지만, 커뮤니티 회수센터와 알맹@망원시장 캠페인, 플라스

알맹상점 내부 모습. | QR코드: 알맹상점 홈페이지.

틱 어택과 같은 비영리 활동도 하는 플랫폼입니다.

또한 십년후연구소와 어깨동무해 브리타 정수기 거름막을 뜯어내 활성탄을 새로 담는 되살림 워크숍을 열기도 했습니다. 독일에서 만든 브리타 정수기는 플라스틱 생수병을 쓰기 싫어하는 사람들이 찾는 물통 모양 정수기입니다. 물통에 정수 거름막을 넣고 수돗물을 부으면 거름막 안에 있는 활성탄·이온교환수지 알갱이가 불순물을 걸러냅니다. 4주에 한 번씩 이 거름막을 바꿔야 하지요. 그런데 이 작은 플라스틱 거름막이 복합 재질이라 그냥 버리면 쓰레기가 되고 맙니다. 그래서 뜯어내 활성탄을 다시 채워 되쓰도록 마련한 워크숍입니다.

생산자가 재활용까지 책임져야 하는 해외에선 브리타 거름막을 거둬가는 시스템이 있으나, 그 당시 우리나라에는 아직 없었습니다. 그래서 알맹상점을 주축으로 뜻이 맞는 이들이 우리나라에도 그와 같은 틀을 만들어달라는 서명 운동을 벌이고, 그 서명들을 모아 브리타에 보냈습니다. 결국 2021년 9월, 브리타코리아는 소비자가 다 쓴 필터 6개를 모으면 본사에서 거둬가는 시스템을 시작했습니다.

알맹상점의 걸음은 여기서 멈추지 않습니다. 녹색연합, 여성환경연대, 매거진《쓸SSSSL》, 전국 제로 웨이스트 가게 등과 공동으로 '#야너두해' 캠페인도 벌입니다. 전국 곳곳에 있는 백여 곳이나 되는 제로 웨이스트 가게와 사회복지관, 약국에서 8천 개가 넘는 화장품 용기를 거둬들이고, 90%가 넘는 화장품 용기가 재활용되지 않는 현실을 지적하며 '재활용 어려움' 표시를 면제받는 화장품 회사를 비판합니다. 그리고 온라인 서명을 받고 모인 용기를 화장품 업체 앞에다 쌓아놓고 기자회견을 합니다.

> "우리는 예쁜 쓰레기를 거부한다. 우리가 많이 모아줬으니 화장품 용기를 재활용하고, 그 결과를 공개하라. 재활용이 힘들다면 재활용할 수 있는 재질로 바꿔라. 용기 재활용과 화장품 리필 체계를 마련하라!"

지역 사람들과 함께 어울리며 새로운 라이프 스타일을 제시하는 가게도 있습니다. 관악구 조원동에 있는 일점오도씨입니다. 커피 매장에서 2년 동안 일하면서 하루하루 넘쳐나는 쓰레기가 늘 마음이 쓰였다는 이정연 대표가 세운 작은 가게입니다. 가게 이름이 여간 심상치 않습니다. 지금도 지구 온도가 계속해서 오르고 있는데, 그 오름폭이 어느 지점을 넘어서면 지구에 있는 수많은 생명체가 목숨을 잃을 거라 하지요. 1.5℃는 2015년 프랑스 파리에서 열린 제21차 유엔기후변화협약 당사국총회COP21에서 정한 마지막 방어선입니다. 기후 위기에 대한 경각심을 일깨우고 뭇 목숨을 살리는 이름이지요.

이 가게에서는 액상형 · 가루형 · 고체형 세제, 비누, 화장품들과 유기농 채소, 공정무역으로 들여온 수입 농산물 따위를 팔고 있습니다. 물론 포장재는 없기 때문에 손님이 장바구니와 용기를 직접 가지고 와야 합니다. 그리고 한 달에 한 번씩 동네 사람들과 둘레를 뛰면서 쓰레기를 줍는 플로깅을 하고, 안 쓰는 물건을 기부받아 새롭게 되살려낸 제품을 파는 플리마켓도 엽니다. 그 수익금은 모두 지구를 살리는 데 기부하고 있고요. 이 작은 가게가 지구를 바꾸고 있습니다.

백여 곳이나 있는, 버릴 것이 없는 가게. 그러나 아직도 많이 모자랍니다. 다른 곳에 사는 우리는 어떻게 해야 할까요? 마트나 슈퍼마켓에 갈 때 상품을 담을 수 있는 그릇을 가져가면 좋지 않을까요? 포장재를 다 벗겨버리고 고기나 우유, 양념을 비롯해 물기 있는 것은 유리그릇에 담고, 쌀이나 채소, 과일 같은 것들은 가방에 넣어가지고 오면 어떨까요?

우리 아이들에게 쓰레기만 잔뜩 물려주고 싶지 않다면 오늘 이 자리에서 뜻을 세우고 힘을 모아 해나가야 합니다. 옹글고 바른 대로 하는 데에는 지름길이 없어요. 또 늦을 때도 없지요. 바로 지금 여기에서 '하면' 이룰 수 있어요. 작은 일이 더없이 큰일이에요. 씨앗이 더없이 작고 가벼운 까닭이 바로 여기에 있습니다.

플라스틱 없이 살아갈 수는 없을까

완전히 분해되기까지 500~1000년까지 걸리는 비닐과 플라스틱 들이 너무나 많이 바다로 쓸려가, 거북이와 바닷새들을 질식시키고, 고래와 돌고래 위장을 가득 채워 굶겨 죽이고 있습니다. 이러한 질병과 죽음이 머잖아 우리에게도 닥친다는 사실이 확 와닿지 않을 겁니다. 눈에 보이는 플라스틱 조각을 사람이 직접 먹지도 않거니와 거기에 크게 다칠 일도 없기 때문이지요. 눈에 띄지 않을 만큼 아주 작은 미세 플라스틱은 어떠신가요?

2016년 한국해양과학기술진흥원은 경남 거제와 마산 일대 양식장과 가까운 바다에서 잡은 굴과 담치, 게, 갯지렁이 가운데 97%인 135개에서 미세 플라스틱을 찾았다고 했습니다. 영국 맨체스터대학교 연구진이 2018년《네이처 지오사이언스》에 발표한 바에 따르면, 우리나라 인천·경기 바닷가와 낙동강 어귀 미세 플라스틱 농도가 세계에서 두 번째와 세 번째로 높고, 서울도 9위 안에 들어 있다고 했습니다. 같은 해 미국 뉴욕주립대학교 세리 메이슨Sherri Mason 교수는 세계 8개 나라에서 11개 브랜드 생수 260병을 거둬들여 조사했더니, 93%인 241병에서 미세 플라스틱이 나왔다고 밝혔습니다. 이제 비닐과 플라스틱 문제는 발등에 떨어진 불입니다.

케냐에서는 2017년 8월부터 비닐봉지를 쓰거나 만들고 수입하면 최대 3만 8,000달러(약 5,000만 원) 벌금형이나 4년 징역형을 내릴 수 있도록 했습니다. EU는 한 사람이 한 해 동안 쓰는 비닐봉지 90개를 2026년까지 40개로 줄이겠다고 밝혔고요.

우리나라는 2017년 한 해 동안 한 사람당 사용하는 비닐봉지가 무려 420개나 된다고 합니다. 케냐는 그동안 다달이 2,400만 개나 되는 비닐봉지를 써왔답니다. 헤아려보니 우리나라 사람들이 다달이 쓰는 비닐봉지는 17억 5,000만 개로, 케냐에 견줘 73배입니다. 케냐 인구는 5,500만 명 정도로, 5,100만 명 남짓한 우리나라와 크게 다르지 않습니다.

우리나라도 2022년 11월 24일부터 모든 매장에서 종이컵, 플라스틱 빨대, 비닐봉지 사용을 금지했습니다. 다만 1년간 계도 기간을 두었지요.

도로로 탈바꿈한 플라스틱 쓰레기

인도 실리콘밸리라 불리는 벵갈루루에서는 날마다 쓰레기가 5,000톤이 쌓입니다. 이 가운데 재활용되는 것은 25%뿐이고, 나머지는 묻거나 태웁니다. 태우면 온실가스를 내뿜는 플라스틱 쓰레기는 1,500톤에 이릅니다. 숨통을 트여준 것은 민간 재활용 업체 KK플라스틱입니다. 이 업체는 다섯 해 동안 연구한 끝에 새로운 분자 구조를 지닌 비투멘bitumen(아스팔트 원료)을 찾아내어 플라스틱 쓰레기를 아스팔트로 탈바꿈시켰습니다. 이 비투멘은 이제까지 나온 비투멘보다 튼튼합니다. 공사에 들어가는 돈도 절반 가까이 낮습니다. 비닐 쓰레기 100톤이면 비투멘 40톤을 만들어낼 수 있어, 도로도 깔고 쓰레기도 줄여 일석이조랍니다. 인도 정부는 KK플라스틱이 개발한 비투멘으로 벵갈루루에 2,000km가 넘는 도로를 내었습니다. 여기에 쓰인 플라스틱 쓰레기는 무려 8,000톤이나 됩니다. 이 비투멘은 수단과 시에라리온, 뉴질랜드 같은 개발도상국과 선진국에 두루 수출되어 좋은 반응을 얻고 있습니다.

KK플라스틱 홈페이지.

플라스틱 없는 가게

《허프포스트》는 2019년 1월 영국에 있는 한 대형 할인점에서 '깐 양파'를 파는 것을 놓고 말다툼이 났다고 보도했습니다. '깐 양파'를 싼 플라스틱 때문에 일어난 다툼입니다. 영국 트위터 유저들은 '흉물'이라고 꼬집고, "요즘 사람들은 대체 얼마나 게으르고 멍청한가"라며 드잡이합니다. 2018년 1월 11일, 영국 테레사 메이 총리가 앞으로 25년 안에 모든 플라스틱 폐기물을 없애겠다고 밝힌 말과도 맞서는 일이라는 것이지요. 많은 사람이 플라스틱 쓰레기를 만들어내는 '깐 양파'를 비난했지만, 장애가 있어 손질된 음식 재료를 쓸 수밖에 없는 사람도 있다고《인디펜던트》는 덧붙였습니다. 음식물을 싼 수많은 플라스틱 포장재를 아무 문제의식 없이 두고 보는 우리로서는 이토록 열띤 토론이 벌어지는 현상도 부럽습니다.

2018년 3월 초, 네덜란드 암스테르담에 세계에서 처음으로 플라스틱 포장지를 없앤 슈퍼마켓이 나타나 눈길을 끌었습니다. 영국 환경 캠페인 동아리 플라스틱 플래닛Plastic Planet과 네덜란드 슈퍼마켓 브랜드 에코플라자Ekoplaza가 손잡고 에코플라자 매장에 '플라스틱 없는 가게Plastic-Free aisle'를 연 것입니다. 에코플라자는 유기농 식품만 파는 가게입니다. 이 가게는 실내 인테리어를 할 때부터 아예 플라스틱 소재가 끼어들지 못하도록 했습니다. 진열대도 플라스틱 진열대 대신 철과 나무 소재를 쓰고 라벨도 판지를 써서 만들었고요.

가게를 찾은 손님들은 플라스틱 용기에 담기지 않은 고기, 쌀, 초콜릿, 유제품, 소스류, 시리얼, 과일, 채소를 비롯해 1,400여 가지 남짓한 품목을 고를 수 있습니다. 이 상품들은 플라스틱 재질 포장재가 아닌 유리, 철제 용기, 종이 용기 따위에 담겨 있습니다. 흔히 유리는 뚜껑 부분에 플라스틱 소재로 얇게 코팅되어 있곤 한데, 이 가게에 있는 유리 용기 뚜껑에는 플라스틱 코팅이 돼 있지 않습니다. 일부 품목은 자연 분해되는 바이오 물질로 만든 용기에 들어 있는데, 사람들이 바로 알 수 있도록 플라스틱 프리Plastic Free 마크를 붙여 놓았습니다. 플라스틱 없는 에코플라자가 여느 '쓰레기 없는 가게'하고 다른 점입니다. 손님이 직접 물건 담을 용기를 가져오지 않아도 되기 때문이지요. 플라스틱 없는 가게는 여느 슈퍼마켓과 다를 바 없이 손님에게 쌀, 우유, 요구르트, 각종 소스를 팔면서, 낯섦과 불편 없이 넌지시 플라스틱을 쓰지 않도록 일깨우고 있습니다.

플라스틱 플래닛 공동 창업자 시안 서덜랜드Sian Sutherland는 이 슈퍼마켓이 문을 연 것이 지구에 넘쳐나는 플라스틱 쓰레기와 맞서 싸운, 길이 남을 사건이라고 힘주어 말합니다.

플라스틱 없는 가게.

> "우리는 몇십 년 동안 플라스틱 포장재가 없으면 음식과 음료를 살 수 없다는 거짓말을 팔았습니다. 그러나 플라스틱 포장재 없는 슈퍼마켓은 그게 착각임을 알려줍니다."

플라스틱 플래닛이 2017년 실시한 영국 소비자 설문 조사에서, 90%에 이르는 응답자가 '플라스틱 없는' 슈퍼마켓이 들어서는 데 힘을 보태겠다고 했습니다. 이제 플라스틱 포장재를 없앤 1,400개에 가까운 제품을 모든 에코플라자에서 살 수 있습니다. 우리나라에도 플라스틱 없는 슈퍼마켓이 생기기를 바랍니다.

완구 회사 레고가 사탕수수로 만든 플라스틱 브릭을 내놓았습니다. 나무와 나뭇잎, 덤불 같은 '식물성 플라스틱 브릭' 생산에 들어가 2018년부터 팔고 있습니다. 게다가 2030년까지 핵심 제품과 포장재를 '생태 이을 바람직한 소재'로 바꾸겠다고 선언합니다. 이미 레고는 '지속 가능한 소재 센터Sustainable Materials Center'를 세우고, 10억 덴마크 크로네(약 1,900억 원)를 투자해 '생태 이을 바람직한' 길을 닦아왔습니다. 사탕수수를 원료로 만든 '식물성 브릭'이 그 첫 열매입니다. 이 브릭은 부드럽지만 튼튼해 이제까지 나왔던 플라스틱 제품과 다를 바 없습니다.

레고코리아 관계자는 "미국 연구 보고서에 따르면, 1950년부터 이제까지 만든 플라스틱은 83억여 톤이며, 그 가운데 75.9%인 63억 톤이 쓰레기로 폐기됐다. 글로벌 기업들이 '더불어 삶'을 마음에 두어 플라스틱을 줄이고 친환경 소재 개발에 나서는 까닭"이라고 말합니다. 그러나 새롭게 선보이는 생태 이을 바람직한 레고 브릭은 100% 생분해성 소재는 아니라고 합니다. 친환경 플라스틱 소재가 자연 분해되려면 특정 조건이 갖춰져야 하는데, 실제 자연환경에서 이와 같은 조건에 들어맞기는 쉽지 않다는 것입니다. 이제까지 나와 있는 모

거듭 이어갈 소재 센터. | QR코드: 식물성 플라스틱으로 만드는 레고 브릭 홍보 영상.

든 친환경 플라스틱 소재가 다 그렇다는 얘기지요. 다만 석유화학 플라스틱과 견줄 때 제조 과정에서 나오는 이산화탄소 배출량이 뚜렷하리만큼 줄었습니다. 레고는 앞으로도 꾸준히 생태를 이어갈 플라스틱을 연구하고 개발하겠다고 합니다.

이 본보기들은 중앙정부를 비롯한 지방정부와 기업이 앞장서서 풀어야 할 것들입니다. 그렇다고 해서 정부나 기업에만 맡겨두고 개개인이 손 놓고 있을 수는 없겠지요. '① 장바구니·손수건·다회용 컵 가지고 다니기, ② 덜어 쓰는 리필용 제품 사서 쓰기, ③ 빨대나 컵 홀더 쓰지 않기, ④ 배달 음식 이용

줄이기'처럼 개개인이 할 수 있는 일을 하나하나 챙겨나가면 어떨까요? 그런 가운데 어쩔 수 없이 생기는 재활용 쓰레기들은 잘 가려서 버려야 하지요. 이를테면 페트병을 비롯한 병이나 캔들은 겉에 붙은 라벨들을 깨끗이 다 떼어내고, 안에 든 것들을 싹 비운 후 물로 말끔히 헹궈 내놔야 합니다. 특히 씻은 페트병은 물기를 쏙 빼고 뚜껑을 꼭 닫아서 내놔야 합니다. 비닐이라고 해서 다를 바가 없지요. 스티로폼 용기에 김칫국물을 비롯한 음식물 얼룩이 조금이라도 남아 있으면 되살려 쓰지 못합니다. 얼룩이 있는 것들은 최대한 씻어내어 종량제 쓰레기봉투에 담아 버려야 해요.

되살림, 너도 살고 나도 사는 길은 더디더라도 여리고 서툰 걸음을 내디디는 데서 열립니다.

전자 폐기물에 새 목숨을

동전에 앞뒤가 있듯이, '소비'에 반드시 따라붙는 것이 쓰레기입니다. 기업들은 '어떻게 하면 물건을 많이 팔아 많은 이윤을 올릴 수 있을까?'에 눈이 어두워, 쓰던 물건이 버려지는 데는 눈길을 잘 주지 않았습니다. 썩는 물건은 그나마 괜찮지만, 썩지도 않는 비닐이나 플라스틱, 컴퓨터와 스마트폰 같은 전자 폐기물은 사정이 다릅니다. 유엔환경계획UNEP 보고서에 따르면, 한 해 동안 버려지는 전자 폐기물이 5,000만 톤이 넘습니다. 이 전자 폐기물 가운데 약 1%만이 안전하게 되살려 쓰이고, 90%에 이르는 폐기물은 법을 어기며 저개발국이나 개발도상국에 내팽개쳐져 지구별 목줄을 죄는 골칫거리가 된 지 오래입니다.

인도네시아, 아마존, 아프리카에 있는 열대우림은 많은 산소를 내뿜고 이산화탄소를 빨아들이는 지구 허파입니다. 열대우림 1헥타르는 이산화탄소 250톤을 빨아들여 자동차 10대가 내뿜는 오염 공기를 한 해 동안 없애는 것과 같습니다. 인도네시아에서는 해마다 4만 7,600헥타르나 되는 열대우림이 사라지고 있습니다. 열대우림이 급속히 사라지는 데 큰 몫을 차지하는 것이 불법 벌목입니다.

인도네시아에 여행을 갔다가 이를 목격한 젊은 물리학자 토퍼 화이트Topher White. 산림 벌채가 세계 기후변화에 큰 영향을 끼친다는 걸 알고 있던 그는 IT기술로 열대우림을 지킬 수 있지 않을까 생각합니다. 화이트는 뜻을 같이하는 이들과 힘을 모아 2013년 실리콘밸리에 사회적 벤처 기업 레인포레스트 커넥션Rainforest Connection을 세우고, 정부·환경단체와 어깨동무해 버려진 스마트폰을 모읍니다. 그리고 이 스마트폰들에 햇빛 판을 붙인 실시간 감시 장치를 만들어 열대우림 곳곳에 세웁니다. 스마트폰은 센서도 있고 데이터를 저장하고 보낼 수 있는 뛰어난 감시 장치입니다. 여기에서 멈추지 않고 더욱 연구에 매진하여 두세 해 동안 쓸 수 있는 안정된 햇빛 판도 만들고, 불법 벌목을 하는 사람들이 감시 장치를 함부로 떼

레인포레스트 커넥션 모니터링 시스템. | QR코드: 레인포레스트 커넥션 홈페이지.

어버릴 수 없도록 도난 방지 시스템까지 갖춥니다. 모바일 앱 API도 누구나 쓸 수 있게 공개했으며, 쓰인 코드부터 저장되는 데이터까지 모두 열어놓아 뜻있는 사람이면 누구라도 불법 벌목 감시를 할 수 있도록 합니다.

이 감시 장치는 나무 꼭대기에 매달려 귀 기울이고 있다가, 불법으로 나무를 베는 전기톱 소리가 나면, 모바일 앱에서 감독관 휴대전화로 곧장 신호를 보내줍니다. 또한 감독관뿐만 아니라 앱을 내려받은 사람 모두 들을 수 있도록 감시 폭을 넓혔습니다. 레인포레스트 커넥션은 이 장치를 아마존, 아프리카에 있는 열대우림에도 세워 불법 벌목뿐 아니라 불법 밀렵까지 감시하고 있습니다.

버려지는 노트북 배터리가 전기 등불 없이 살아가는 인도 아이들에게 빛을 주는 산타클로스가 되어 나타났습니다. IBM은 오래된 노트북 배터리로 제3세계 아이들에게 전기를 나눠주는 우르자 프로젝트Urjar Project를 펼쳤습니다. 우르자Urjar는 에너지를 가리키는 힌디어 '우르Ur'와 항아리를 일컫는 영어 '자jar'가 어깨동무해 빚은 낱말입니다.

해마다 미국에서만 5,000만 개에 이르는 리튬이온 노트북 배터리가 버려집니다. 이 배터리 70% 정도에는 한 해 동안 날마다 네 시간씩 LED 전구를 켤 수 있는 에너지가 남아 있습니다. IBM 기술진은 버려지는 노트북에서 배터리를 떼어내 되쓸 수 있는 전기를 끌어모아, 전구나 휴대전화, 선풍기 같은 소형 가전에 전기를 공급하는 장치로 재조립하는 기술을 개발했습니다. 프로젝트를 아우른 IBM 스마트 에너지 그룹 연구자 비카스 찬단Vikas Chandan은 말합니다.

> "원래 전기 인프라가 없는 곳에 전기를 보낼 때 가장 비싼 재료가 배터리인데, 이번 프로젝트에서는 버려지는 배터리를 써서 비용을 크게 낮출 수 있었어요."

되살아나는 건전지

세계 사람들이 한 해 동안 쓰는 일회용 건전지가 150억 개에 이릅니다. 문제는 건전지에 담긴 에너지 가운데 20%만 쓴 채 버려진다는 데 있습니다. 쓰는 전기보다 버려지는 전기가 훨씬 많다는 얘기지요. 이를 안타까워하던 이들이 다 쓴 건전지를 되살려주는 틀을 만듭니다. 배터루Batteroo라는 회사가 만든 배터라이저Batteriser입니다. 1mm 스테인리스로 만든 이 틀에는 전압이 떨어져도 전기가 계속 흐를 수 있도록 해주는 전압 조절기가 들어 있습니다. 이걸 건전지에 끼우면 건전지 에너지를 끝까지 다 쓸 수 있습니다.

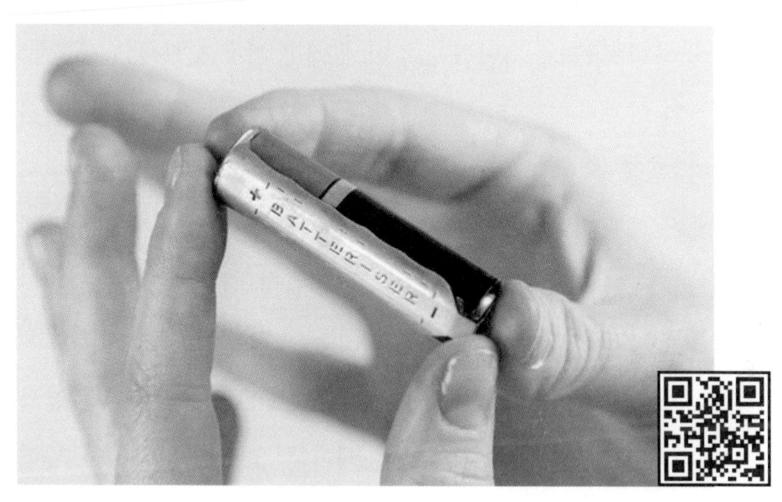

배터라이저. | QR코드: 배터루 홈페이지.

우리는 대개 새로운 스마트폰이 나오면 반가워할 뿐, 스마트폰을 만들 때 여러 문제가 뒤따른다는 걸 잘 모르고 삽니다. 원료를 캐내면서 그곳에 사는 멸종 위기 동물을 해치거나, 희토류를 비롯한 광물을 싸게 사려고 독재자들 뒷배를 봐주어 그 나라 사람들의 삶이 피폐해지는 데 힘을 보태고 있다는 것 따위 말입니다.

네덜란드 스마트폰 제조 회사 페어폰Fairphone은 이런 문제를 없애려고 2010년 공정무역 캠페인을 시작합니다. 2013년에는 아예 사회를 아우르는 기업으로 돌아섰습니다. 분쟁 광물을 쓰지 않는 페어폰. 그저 분쟁 지역 광물을 쓰지 않는 것이 아니라, 국제 시민단체와 함께 채굴 현장을 찾아가 노동 착취가 없는지, 채굴이 올바르게 이루어지는지를 꼼꼼히 살핍니다. 광물 캐기부터 설계, 생산, 조립에 이르는 모든 흐름에서 제값을 치르는 것이지요. 페어폰을 만드는 공장에서는 노동에 합당한 임금을 줄 뿐 아니라, 한 대 팔릴 때마다 2.5달러를 공장 노동자 복지 개선 기금으로 내놓습니다.

기부나 벤처 캐피털에 기대지 않고, 100% 수익으로 운영하며 홀로서기하는 사회적 기업 페어폰. 고집스레 공정한 사회 이루기에 매달린다면 사업 효율이 떨어질 것이란 걱정도 없지 않습니다. 그러나 페어폰은 네덜란드에서 가장 빠르게 성장하고 있는 새싹 기업 가운데 하나입니다.

페어폰은 겉보기에는 일체형 폰처럼 보입니다. 그러나 뒤쪽 덮개를 열면 배터리는 물론 메인보드와 카메라같이 모듈화된 부품을 손쉽게 바꿀 수 있게 설계되어 있어, 단말기 재활용성을 높일 수 있습니다. 사용자가 직접 고장 난 부품을 바꾸거나 업그레이드해, 제품을 오래 오래 쓸 수 있는 거지요. 페어폰이 품은 또 다른 뜻은 좋은 걸 더 싸게 만들어 누구나 살 수 있도록 하는 데 있습니다. 그렇더라도 쓰던 스마트폰 수명이 남아 있다면, 굳이 페어폰을 살 까닭이 없답니다.

부품을 모듈화한 페어폰 4. | QR코드: 페어폰 홈페이지.

글로벌 비영리단체 랩두Labdoo는 오래된 노트북과 전자책 리더기, 태블릿 PC를 모아 개도국 아이들이 IT를 배우는 데 쓰도록 보내고 있습니다. 랩두가 온라인으로 어느 곳, 어느 기관에서 기기가 몇 대 있어야 하는지를 알리면, 오래된 노트북이나 태블릿 PC를 가지고 있는 사람들이 보내겠다고 손을 들면 됩니다. 그걸 가까이 있는 자원봉사자들이 받아다가 안에 있던 자료를 깨끗이 지우고 교육용 프로그램을 깔아서 보내줍니다. 기증한 이에게는 고유한 번호를 주어 내가 내놓은 기기가 어디로 가는지, 어떻게 쓰이는지 알 수 있도록 해 기증하는 즐거움을 맛보도록 했습니다.

어찌 보면 작아 보이는 이런 힘 하나하나는, 한 해에 버려지는 전자 폐기물 양에 견주면 새 발에 묻은 피 같을지도 모릅니다. 그러나 작은 물방울이 모여 강을 이루고 바다가 되듯이, 작디작은 이 힘들이 모여 지구별 숨결을 트고 있습니다.

쓰레기는 쓰레기가 아니다

환경부 조사 자료에 따르면, 2019년 기준 우리나라에서 하루에 버려지는 음식물 쓰레기는 1만 6,000톤, 서울에서 나오는 것만 2,540톤이나 됩니다. 한 해 동안 음식물쓰레기 처리에 드는 돈이 8,000억 원, 경제손실이 20조 원이랍니다.

"세상에 쓰레기는 없다"고 외치는 사람이 있습니다. 사회적 기업 주양제이앤와이(아래부터 '주양') 대표 조호상입니다. 주양이 하는 일은, 쇼핑몰에서 나오는 온갖 쓰레기를 거둬다가 되살리는 일입니다. 음식물 찌꺼기는 가축 사료와 퇴비로 만들고, 스티로폼은 몰딩 원료로 탈바꿈시킵니다. 또한 커피 찌꺼기로 버섯을 기르고, 남은 찌꺼기를 퇴비로 만들어 흙으로 되돌리는 길을 열었습니다.

썩어가는 음식물에서 살아가는 미생물 가운데는 해로운 것들도 적지 않습니다. 음식물 찌꺼기를 제대로 처리하지 못해 유해 미생물이 늘어나면, 생각보다 심각한 문제가 생길 수 있습니다. 그래서 음식물 찌꺼기는 흔히 말려서 사료로 씁니다. 그런데 주양에서는 젖어 있는 음식물 찌꺼기를 동애등에Black Soldier Fly 애벌레에게 먹입니다. 그렇게 자란 애벌레는 닭모이로 쓰지요. 까무잡잡한 동애등에는 가축이나 사람을 물지 않으며, 질병을 퍼뜨리지도 않습니다. 외려 파리 퇴치에 한 몫 톡톡히 합니다.

동애등에 한살이에서 애벌레기는 2주에서 3주 사이인데, 이때 한 마리가 먹이를 2g이나 먹습니다. 온도를 27°C만 맞춰주면 철을 가리지 않고 기를 수 있는 먹성 좋은 동애등에 애벌레는 음식물 쓰레기, 썩은 과일과 채소, 식품 가공물에 남은 잔여물, 가축이 눈 똥까지 먹어치웁니다. 애벌레 분변토로 바뀐 음식물 쓰레기는 부피는 58%, 무게는 30%로 줄어듭니다. 음식물 쓰레기 10톤이면 분변토 3톤을 얻을 수 있다는 얘깁니다.

동애등에 애벌레는 음식물 쓰레기에 섞여 있는 미생물까지 깡그리 먹어치워 대장균과 같은 유해성 미생물을 없앱니다.

그러면서도 메탄가스와 이산화탄소 가스가 거의 나오지 않아 쓰레기에서 악취가 나지 않습니다. 농업진흥청에서는 이 분변토가 염분 1% 아래로 유해 물질이 없을뿐더러 작물 생육을 촉진하고 토양 개량제로 알맞아, 좋은 퇴비 원료가 된다고 합니다.

동애등에 애벌레는 단백질 보물 창고로, 잡식을 하는 닭이나 돼지 사료로 안성맞춤입니다. 12g이 나가는 치어 30마리를 열 마리씩 나눠 16주 동안 세 가지 먹이를 먹여봤습니다. 첫 번째 모둠에는 산 동애등에 애벌레를 먹이고, 두 번째 모둠엔 번데기와 애벌레를 말린 동애등에를 50% 섞은 사료를 먹이고, 세 번째 모둠에는 양어 사료만 먹였습니다. 그랬더니 살아 있는 애벌레를 먹은 첫 번째 모둠 물고기들은 118g까지 자랐습니다. 말린 번데기와 애벌레 함량이 50% 들어간 사료를 먹은 두 번째 모둠 물고기들은 80.5~86.5g까지 자랐습니다. 그러나 양어 사료만을 먹은 세번째 모둠 물고기들은 46.4g까지밖에 자라지 않았답니다.

음식물 쓰레기로 동애등에 키우기는 그리 놀라운 일은 아닙니다. 캐나다를 비롯한 미국과 유럽에서는 이미 그렇게 하고 있으니까요. 우리나라에도 말린 음식물 찌꺼기를 먹여 동애등에 애벌레를 키워 사료로 파는 곳이 있습니다. 그런데 주양이 하는 실험에는 두 가지 특별한 뜻이 있습니다. 먼저 음식

동애등에 애벌레.

물 찌꺼기를 말리지 않고 젖은 채로 동애등에 애벌레 먹이로 쓰고, 또 자동화 설비를 되도록 줄이고 사람 손을 늘려서 사람들이 더불어 살아가는 일터를 꾸리는 것입니다.

평화마을 '쓰자리'를 만드는 손길

조호상 대표는 농부 철학자 윤구병 선생이 일구는 평화마을 만들기에도 나섰습니다. 윤구병 선생은 정년이 보장된 대학 교수직을 내놓고 더불어 살아가는 대안 공동체 변산공동체학교를 열었습니다. 그러나 서울에서 너무 멀리 떨어져 있어 도시 아이들이 다가오기 어려웠습니다. 이를 안타깝게 여긴 윤구병 선생은 서울 가까이 있는 파주에 땅 수천 평을 새로 마련했습니다.

평화마을을 만드는 사람들은 먹을 걸 키우지 않는 땅, 젊은이를 키우지 않는 일터, 평화를 키우지 않는 나라, 정이 메마른 세상을 제대로 되돌리려고 합니다. 평화마을 사람들은 쓰고 나서 버려지는 것들을 다시 쓸 수 있는 것으로 되돌려놓아 물건들이 세상 안에서 돌고 돌도록 만들겠다고 다짐합니다. 쓰레기를 모아 너를 살리고 그 바탕에서 나도 살겠다는 뜻입니다.

아직 똑 부러지게 정해지진 않았지만, 마음에 두고 있는 마을 이름이 '쓰자리'입니다. 쓰자리는 '쓰레기가 자원이 되는 리(동네)'라는 뜻입니다. 그래서 '3쓰'를 얘기합니다.

① 예쓰: 예술이 된 쓰레기. 버려지는 물건을 살려서 예술을 만들겠다는 야무진 꿈을 꾸고 있습니다.
② 땅쓰: 땅이 된 쓰레기. 음식물 찌꺼기나 커피 찌꺼끼로 땅을 살려 버섯을 키우며 농사지으려고 합니다.
③ 삶쓰: 삶이 된 쓰레기. 쓰자리에서는 동애등에에게 음식물 찌꺼기를 먹여 키울 것입니다.

농사짓기를 주된 일로 삼겠다는 쓰자리 사람들은 집 짓기, 옷 짓기 역시 먼 데 사는 이들에게 맡기지 않고 마을 사람들이 몸소 하겠다고 합니다. 그리고 이 모든 것을 내일을 이어갈 젊은이들이 주축이 되어 이끌어 갈 수 있도록 힘을 아끼지 않습니다. 평화마을 쓰자리 사람들은 둘로 나뉜 이 땅이 어서 하나가 되어, 철조망을 걷어내고 백두에 사는 아이와 한라에 사는 아이가 함께 어울리는 평화 공동체를 꿈꿉니다. 쓰자리는 돌고 도는 밑절미 아래에서 지구를 덜 괴롭히며 평화로운 삶을 이어가는 젊은 공동체 마을입니다.

어떤 씨앗도 작고 보잘것없어 보입니다. 더구나 새로운 살길을 트는 씨앗 만들기란 외롭기 그지없는 일입니다. 그렇더라도 우리 아이들이 발 뻗고 살아가기를 간절히 바라는 사람이라면 앞으로 성큼 나서야 합니다.

버려지는 음식물을 되살리는 사람들

캄캄한 뉴욕 맨해튼 한복판, 하이에나처럼 쓰레기더미를 뒤지는 사람들이 있습니다. 이 사람들이 건져 올린 것들은 싱싱해 보이는 당근, 브로콜리, 바나나, 음료수 따위입니다. 이 사람들은 거지가 아니라 프리건Freegan입니다. 프리건은 '프리Free'와 '비건Vegan'을 모아놓은 말로, 버려지는 음식물을 되살려 목숨을 잇는 알뜰한 채식주의자들을 일컫습니다.

미국에서는 4.5%나 되는 음식이 쓰이지 않은 채 버려지고, 돈으로 치면 한 해에 1,000억 달러에 이릅니다. 프리건들은 유통기한이 식품 안전 날짜가 아니라, 슈퍼마켓 선반에 진열될 수 있는 기간일 뿐이라고 목소리를 높입니다. 뉴욕에서만 2년 동안 쓰레기 더미에서 찾은 채소로 목숨을 이어가는 이들이 적어도 1만 4,000명에 이른다고 합니다. 경험이 많은 뉴욕 프리건들은 새내기 프리건을 모으려고 쓰레기 투어도 여는데, 대학생과 교사, 택시 운전사, 전직 은행 투자 전문가처럼 다양한 일을 하는 사람들이 어울립니다.

길거리 냉장고

독일에 가면 시내 길모퉁이에 놓여 있는 이상한 냉장고를 볼 수 있습니다. 곳곳에 100여 군데가 넘는 '길거리 냉장고'입니다. 사람들은 혼자 다 먹기 어려운 식재료나 손대지 않은 파티용 음식을 가져와 냉장고를 채울 수도 있고, 마음대로 가져갈 수 있습니다.

영화 제작자이자, 저널리스트인 발렌틴 투른Valentin Thurn은 2010년 〈쓰레기를 맛보자Taste the Waste〉란 다큐멘터리를 만들었습니다. 조금 시들었다고 통째로 버려진 양상추, 신선해 보이는 토마토와 빵 따위가 그득한 쓰레기통이 사람들 가슴을 울렸습니다. 못생겨서 슈퍼마켓 진열대에 오르지 못한 채 밭에서 썩어가는 감자를 바라보는 애끓는 농부 목소리가 가슴 깊이 파고듭니다.

독일에서만 시간마다 400톤, 전 유럽에서 해마다 버려지는

다큐멘터리 〈쓰레기를 맛보자〉 포스터.

음식물이 9,000만 톤에 이릅니다. 돈으로 셈하면 1,000억 유로로, 글로벌 식품 기업인 네슬레 한 해 매출과 맞먹습니다.

 발렌틴 투른과 함께하겠다며 손을 내민 이들은 크라우딩 펀딩으로 400여 명이 1만 유로 넘게 출자했습니다. 그 밑천으로 푸드 셰어링 웹사이트를 만들고 길거리 냉장고를 세웠습니다. 독일은 말할 것도 없이 오스트리아, 스위스까지 식료품을 나눕니다. 음식점과 식품매장 1,000여 곳과 함께 힘 모아 한 해 동안 아낀 음식물은 무려 1,000톤이나 됩니다.

— 우리라고 못할 게 있어?

2020년 기준으로 우리나라에서 하루에 나오는 음식물 쓰레기가 1만 3,000톤입니다. 모든 쓰레기 가운데 28.7%나 되어 경제 손실이 20조 원에 이릅니다. 음식물 쓰레기는 먹고 남긴 음식이 30%, 유통과 조리하면서 버려지는 것이 57%, 보관을 잘못해 버려지는 식재료가 9%, 만들어놓고 먹지 않고 고스란히 버려지는 것도 4%나 됩니다.

유통기한을 넘긴 식품은 언제까지 먹을 수 있을까요? 《동아일보》(2015. 5. 8.)에 따르면, 냉장 온도 5℃에서 우유는 유통기한이 무려 50일이, 치즈는 70일, 달걀은 25일, 두부는 90일, 액상 커피는 30일, 요구르트는 20일이 늘어납니다. 식빵과 냉동 만두는 냉동 보관했을 때 각각 20일, 1년이 늘어난답니다.

우리나라에도 길거리 냉장고가 생겼습니다. 오픈컬러지라는 사회적 기업 프로그램에서 만난 직장인 여덟 사람이 머리를 맞댑니다. 서로 주머니를 털어 145L짜리 중고 냉장고를 사서 '빵빵이'란 이름을 붙여줍니다. 서울 곳곳을 돌아다니며 냉장고 세울 곳을 탐색했습니다. 여러 카페 문을 두드렸지만, 선뜻 자리를 내어주는 곳이 없었습니다. 다행히 경희대학교 앞 신's 커피 하우스에서 푸드 셰어 냉장고 프로젝트의 뜻을 받아들여 2015년 3월에 들어섰습니다. 안타깝게도 현재 이 카페는 문을 닫아 빵빵이도 볼 수 없지만, 이러한 작은 걸음들은 계속 이어지고 있습니다. 현재 구청이나 여러 복지 시설에서

포인트도 쌓을 수 있는 그린 냉장고. 현재는 운영을 중단했다.

공유 냉장고를 운영하고 있고, 최근엔 서울대학교 재학생들이 모여 만든 소모임인 다인테이블이 음식을 공유하면 현금으로 환급 가능한 포인트도 쌓을 수 있는 '그린 냉장고'를 세웠습니다. 그동안 있었던 공유 냉장고가 수익이 없어 지속하기 어렵다는 점을 헤아려, 광고 부착형 공유 냉장고를 선보인 것입니다. 그러나 그린 냉장고를 세운 곳에서는 광고가 불가능하다는 법률 자문을 받고, 2022년 7월 운영을 마치게 되었습니다. 정말 안타까운 일이 아닐 수 없습니다. 그렇지만 결코 헛된 걸음이 아닙니다. 모두가 바라는 세상에 한걸음 더 나아간 것이니까요. 작은 발걸음, 크게 계속 이어지기를 바랍니다.

— 까짓것, 냉장고를 없애자

우리는 흔히 어떤 식재료든지 냉장고 속에 넣어두기만 하면 안전하다고 여깁니다. 그러나 지나친 믿음이 뜻밖에 엄청난 음식물 쓰레기를 만들어내고 있습니다. 게다가 재료에 따라서는 냉장고에 들어가면 맛과 영양을 잃기도 한답니다.

프랑스에서 20년을 살다 한국으로 돌아온 김제인 씨. 프랑스에서 살 때 한국인 친구에게 냉장고 코드를 뽑은 아버지 때문에 몹시 힘들었다는 이야기를 들었습니다. 이야기 주인공인

그 아버지는 에너지 제로에 도전하는 살림 디자이너 윤호섭 교수입니다. 평소 환경에 관심이 많던 김제인은 그 얘기를 들은 그날 바로 냉장고를 없앴습니다. 그 뒤로 한국으로 와 결혼을 하고도 수년이 넘도록 냉장고 없이 살고 있습니다. 냉장고가 없이 사는 슬기를 적잖이 터득한 김제인은 음식 재료 보관 비결 몇 가지를 귀띔합니다.

> "달걀에는 수백만 개나 되는 숨구멍이 있습니다. 그래서 달걀을 여러 음식 재료와 함께 두면, 냄새를 빨아들여 맛이 떨어집니다. 오래도록 밖에 두어 상했을까 걱정스럽다면 물에 담가보세요. 가라앉으면 신선하고 물에 뜨면 상한 것이랍니다. 파와 당근, 무와 배추 같은 뿌리채소는 물기 머금은 모래에 심어두면 냉장고에 넣어두었을 때보다 훨씬 더 오래갑니다. 잎채소나 과일은 그늘진 데 두고, 감자는 감자와 감자 사이에 사과를 섞어놓으면 사과에서 나오는 에틸렌 가스가 감자에서 싹이 돋는 걸 막아줍니다. 양파는 올이 나가 못 쓰게 된 스타킹에 담아 하나하나 매듭을 지어두면 오래가고요. 또 피망, 호박, 가지, 오이 따위 채소를 구멍이 뚫린 선반에 올려놓고 그 아래 물이 담긴 그릇을 놓아두면 오랫동안 싱싱합니다. 시든 채소는 차가운 물에 담근 뒤 식초를 한두 방울 떨어뜨리면 되살아납니다."

영국은 세계에서 양조장이 가장 많은 나라입니다. 요즘 영국에선 새내기 기업 25%가 '바람직한 사업'을 하려고 한답니다. 양조 업자들도 사회를 아우르겠다는 꿈을 하나둘 품고 있습니다. 맥주를 빚는 토스트 에일Toast Ale도 그런 양조장 가운데 하나입니다. 이곳에서 일하는 줄리 프레블Julie Prebble은 토스트 에일이 "버려질 수밖에 없는 싱싱한 빵으로 좋은 맥주를 만드는 회사"라고 힘주어 말합니다. 무슨 말일까요? 식빵을 구워 샌드위치를 만들면 가장자리 남은 빵 두 쪽은 버려집니다. 빵이 주식인 영국에서 이를 모으면 하루에 2,400만 장이나 된답니다. '이렇게 버려질 수밖에 없는 빵 부스러기로 맥주를 빚어 팔면 어떨까?' 하고 엉뚱한 상상을 한 사람이 있습니다. 그 사람은 트리스트람 스튜어트Tristram Stuart입니다.

스튜어트는 여행하다가 우연히 4000년 전 메소포타미아 바빌론에서 쓰던 전통 양조 방식 가운데 하나인 빵으로 맥주를 만드는 브뤼셀 비어 프로젝트Brussels Beer Project를 만나게 됩니다. 자선단체 피드백Feedback에서 음식물 쓰레기 줄이기 캠페인을 벌이던 스튜어트는 이걸 보자마자 무릎을 칩니다.

"바로 이거야!"

처음에는 마을 제빵사에게서 가장자리 빵을 거둬들여 썼

토스트 에일에서 판매하고 있는 맥주들. | QR코드: 토스트 에일 홈페이지.

으나, 이제는 대형 슈퍼마켓에 샌드위치를 납품하는 생산 업자들과도 거래하고 있습니다. 말려서 잘게 부순 빵 한 조각과 맥아와 물, 홉과 이스트 따위를 섞어 끓인 뒤 일주일쯤 삭히고 나면 맛있는 맥주가 빚어집니다. 하루에 영국에서 버려지는 식빵 끄트머리 2,400만 장이면, 식빵 맥주 2,400만 병을 빚을 수 있다는 얘기입니다. 맥주를 빚는 방법은 홈페이지에 자세히 나와 있습니다. 누구라도 이걸 보고 맥주를 빚어 즐길 수 있습니다. 공동 창업자 롭 윌슨Rob Wilson은 "언젠가 이 땅에서 버려지는 빵들이 깡그리 사라져서 우리가 문 닫는 날이 오기를 손꼽아 기다린다"며 웃습니다.

음식물 쓰레기를 줄이는 데 더없이 좋은 방법은 쓸 만큼만 사서 그때그때 해 먹는 것입니다. 일본 마트에 가면 바로 채소나 과일을 낱개로 팔 뿐 아니라, 조각을 내서 팔기도 합니다. 일본에는 채소를 파는 편의점이 생긴 지도 오래되었습니다. 채소나 과일이 스무 가지에서 서른 가지나 갖춰져 있어 끼니 마련에 어려움이 없습니다. 한두 사람이 한 번 먹을 수 있는 찌갯거리도 팔아 음식을 남길 걱정을 덜어줍니다. 우리나라에도 점점 음식 재료를 낱개로 팔거나 쪼개어 파는 곳이 늘어나고 있습니다. 1인 가구 비율이 33%를 넘어섰습니다. 그렇지 않은 가정도 대개 두세 식구가 사는 형편입니다. 우리나라 슈퍼마켓이나 편의점에서도 과일과 채소를 조각 내어 파는 문화가 어서 빨리 자리 잡기를 바랍니다.

포장재 쓰레기 제로에 도전한다

코로나 시국으로 스마트폰으로 음식을 주문하면 금세 문 앞에 도착하는 배달 문화가 전성기를 맞았습니다. 동시에 일회용 플라스틱 용기, 비닐 포장재도 엄청 늘어났지요. 생각해보면 플라스틱이나 비닐 쓰레기 대부분이 포장재입니다. 미 환경보호국에서는 땅에 묻힌 쓰레기 45%가 음식물 포장재라고 합니다.

한국통합물류협회에 따르면, 2021년 한 해 동안 우리나라에서 오간 택배는 36억 건이 넘는다고 합니다. 이 수치는 국내 택배협의회 소속 택배 기업들을 대상으로 집계한 것인 만큼 기타 유통업체들의 택배 화물을 포함한다면 40억 개를 훌쩍 뛰어넘을 것으로 예상됩니다. 곧 40억 개가 넘는 택배 포장재가 쓰레기로 나온다는 뜻이기도 합니다. 골판지 택배 상자는 대부분 거둬다가 되살리지만, 다시 종이로 돌리는 데 드는 돈이 만만치 않습니다.

— 식품 부패 막고 포장 쓰레기 줄이는 택배 상자

미국 새싹 기업 리비리Liviri가 신선 물품이나 음식 배달에 쓰이는 택배 포장재인 아이스팩, 스티로폼 상자, 종이 상자를 줄일 수 있는 택배 상자를 내놨습니다. 많게는 75번까지 되쓸 수 있어 눈길을 끌고 있습니다. 되쓰는 택배 상자는 어떻게 만들었을까요? 리비리 모회사 오토 프로덕츠는 본디 스마트폰, 태블릿 PC 케이스를 만드는 회사로, 2015년 누구보다 먼저 방수 케이스를 내놨습니다. 2017년부터는 방수와 충격 방지 기술을 앞세워 캠핑 장비 분야에 뛰어듭니다. 이 장비들을 만들면서 뜨거운 야외에서 길게는 두 주까지 시원한 맥주를 마실 수 있도록 해주는 아이스박스, 물기에 약한 전자 제품을 넣어둘 수 있는 방수 상자를 내놓아 인기를 끌었습니다. 그러다가 식자재와 신선 물품이 배송되는 사이에 상해버리면 음식물 쓰레기가 될 뿐만 아니라, 이를 담았던 택배 포장재가 환경을 더럽히는 까닭에 적지 않은 사람들이 신선 제품을 다시 사기를 꺼린다는 사실을 알게 되었습니다. 그래서 스마트폰 케이스와 캠핑용품을 만들면서 쌓인 기술력을 바탕으로 거듭 다시 쓸 수 있는 택배 상자를 만들었습니다. 리비리 경영자 짐 파케Jim Parke는 이렇게 말합니다.

> "아마존이 물류를 바꾸고 있으나, 택배 상자는 언제나 그대로입니다. 우리 뒤뜰에는 택배 상자들이 수북이 쌓이고 있어요. 그래서 우리는 택배 상자를 다시 상상했습니다."

어떻게 쓰일까요? 먼저 온라인 배송 기업이 커다란 아이스박스처럼 생긴 택배 상자에 밀키트를 아이스팩과 같은 냉매와 함께 담아서 손님에게 보냅니다. 손님은 들어 있는 음식을 꺼내고 나서 반송 주소가 적힌 스티커를 박스에 붙여서 도로 문 앞에 놔두면 물류 업체가 다시 거둬갑니다. 이 택배 상자는 리비리가 말끔하게 씻어 다른 손님에게 배달합니다.

리비리 택배 상자는 튼튼한 내구성과 높은 신선도 유지력을 갖췄습니다. 폴리프로필렌 재질로 만들어져 골판지나 스티로폼 택배 상자보다도 훨씬 튼튼하며 상자에 쉽게 금이 가거나 깨지지 않지요. 눈이나 비가 오더라도 안이 젖지 않고, 웬만한 충격은 너끈히 견딜 수 있으며, 상자가 바닥에 굴러도 찢어지지 않습니다. 내화학성도 뛰어나 상자가 화학물질에 닿아도 내용물을 잘 지킬 수 있습니다. 게다가 이 폴리프로필렌은 되살려 쓸 수 있는 고분자이기 때문에, 상자를 더 쓸 수 없게 되어도 묻거나 태우지 않고 다른 플라스틱 제품으로 되살려 쓸 수 있습니다. 더구나 내부 온도가 오래 지켜지도록 두 겹으로 된 벽 사이를 진공으로 만들어 항공우주산업에 버금가는 단열 성능을 갖췄습니다. 내용물에 따라 안에 칸막이를 세우거나 층층이 떼어낼 수 있어서 흔들리거나 쏟아질 염려도 없습니다. 따라서 충격에 약한 고기, 해산물, 채소와 같은 식자재 꾸러미를 배송하기에 매우 알맞도록 설계됐습니다.

효과는 어땠을까요? 같은 아이스팩을 냉매로 썼을 때, 면 소재로 만든 택배 상자보다 85%나 더 오래, 옥수수 전분으로 만든 택배 상자보다 142%나 더 오래 온도를 유지했습니

리비리 박스. | QR코드: 리비리 홈페이지.

다. 아이스팩이나 드라이아이스를 45~50%나 줄일 수 있다는 얘기지요. 소비자 반응도 좋습니다. 되쓰는 택배 상자에 담긴 신선 주스를 받아본 사람 81%가 '리비리 택배 상자를 추천한다', 76%가 '돈이 더 들더라도 계속 쓸 것이다', 71%가 '리비리 상자를 쓰면 더 자주 주문하겠다'라고 했습니다.

우리나라 신선 식품과 식자재 꾸러미 배송 시장은 2017년 10조 4천억 원에서 2021년 32조 8천억 원으로 3배 넘게 성장했습니다. 잠깐 뒷짐 지고 있는 사이 택배 포장재 쓰레기에 묻힐 수도 있지 않을까요?

— 실시간 위치와 품질을 살필 수 있는 택배 상자

스위스 새싹 기업 리빙 패킷츠Living Packets도 더 박스The Box라는 놀라운 택배 상자를 내놨습니다. 단순히 종이 상자를 다른 소재로 바꾼 것을 넘어, 여러 기술이 어울려 빛은 혁신 택배 상자입니다. 발포폴리프로필렌으로 만든 더 박스는 1천 번이 넘도록 쓸 수 있을 만큼 튼튼합니다. 또 GPS가 달려 전용 앱으로 택배 상자가 어디에 있는지 실시간으로 알 수 있으며, 습도나 충격, 온도나 빛과 같은 환경 변화에 따른 안정성을 앱으로 알 수 있습니다.

리빙 패킷츠. | QR코드: 리빙 패킷츠 홈페이지.

상자 안에 에어 패킹이나 완충재를 따로 넣지 않아도 되도록 그물망이 들어 있는 더 박스는 32리터로 넉넉합니다. 상자 안에는 카메라가 달려 있습니다. 또 잃어버렸을 때 가까이 있는 사람과 통화를 할 수 있도록 스피커와 마이크도 달려 있습니다. 더구나 택배 송장은 7.8인치 e잉크 라벨을 써서 거듭 되쓸 수 있도록 했습니다. 상자는 주문한 손님만 열 수 있으며, 쓰고 난 다음에는 평평하게 접어서 놔두면 택배 기사가 다시 가져갑니다.

— 친환경 스티로폼 대체 포장재

미국 친환경 기업 에코베이티브 디자인Ecovative Design도 농업 폐기물에 버섯 균사체를 배양해 만든 스티로폼 대체재를 내

에코베이티브에서 만든 버섯 스티로폼 포장재. | QR코드: 에코베이티브 홈페이지.

놓았습니다. 에코베이티브 디자인은 오직 스티로폼을 친환경 재료로 바꾸려고 태어난 기업입니다.

균사체란, 버섯이 살아남으려고 영양을 빨아들이는 기관을 일컫습니다. 여느 스티로폼이 석유에서 나온 원료를 열로 팽창시켜 만든 것이라면, 버섯 스티로폼은 균사체를 농업 폐기물이나 나무 부스러기에 배양해서 만듭니다. 균사체가 농업 폐기물들을 먹으면서 혼합물 사이에 틈을 메워 만든 완충제는 가볍고 튼튼할 뿐만 아니라 불에도 잘 타지 않고 자연 분해가 됩니다. 가구 브랜드 이케아와 컴퓨터 브랜드 델이 바로 이 재료를 써서 제품을 포장하고 있습니다. 에코베이티브 디자인은 스티로폼 건축 재료를 대체할 새로운 건축 마감재도 선보였습니다.

물을 주면 싹이 돋는 달걀 포장재

어느 포장재든 받고 나면 바로 쓰레기가 되어 골칫거리가 되고 맙니다. 그런데 포장재에 바로 물을 주거나 포장재를 부수어 화분에 넣고 물을 주면 싹이 나는 달걀 포장재가 나왔습니다. 바이오팩Biopack이라는 달걀 포장재입니다. 그리스 디자이너 조지 보스나스George Bosnas가 디자인했습니다. 지속 가능한 디자인을 내걸고 2019년 열린 영 발칸 디자이너스 콘테스트Young Balkan Designers Contest 2019에서 수상하며 사람들 눈길을 사로잡았습니다. 종이 펄프, 밀가루, 전분과 씨앗으로 이루어진 바이오팩은 버리지 않고 물을 주거나 화분에 옮겨 심으면, 포장재 안에 있던 씨앗이 뿌리내리고 움을 틔우며 자랍니다.

바이오팩. | QR코드: 바이오팩 소개 페이지.

바이오팩은 콩과 식물 뿌리에 공생하는 미생물이 흙에 있는 질소를 붙들어 푸나무가 물기를 빨아들일 수 있도록 돕는 성질을 이용해서 만들었습니다.

토마토가 자라나는 포장지

선물 포장지도 쓰임새가 짧기는 마찬가지입니다. 빛깔이 곱거나 고운 그림이 그려져 있어서 받을 때는 기분이 좋습니다만, 받자마자 쭉 찢어버리거나 벗겨내면 그만입니다. 사실 기억에도 잘 남지 않지요. 연말연시에 버려지는 포장지가 얼마나 되는지 아시나요? 영국에서 버려진 포장지만으로 지구를 아홉 번이나 감쌀 수 있다고 합니다. 세계에서 버려지는 포장지를 다 모은다면 어떨까요? 상상이 가지 않습니다. 여기에 밸런타인데이나 화이트데이처럼 선물을 많이 주고받는 기념일에 버려지는 포장지 쓰레기를 합치면 얼마나 될까요? 기념일에 너무나도 많은 포장지가 버려지는 것을 안타까운 눈길로 지켜보던 영국 크리에이티브 에이전시 BEAF가 남다른 포장지를 내놓았습니다. 바로 씨앗 포장지 에덴스 페이퍼Eden's Paper입니다.

포장지 사이 사이에 씨앗이 박혀 있는 이 특수 포장지는 생

브로콜리 에덴스 페이퍼.

분해되는 티슈 일곱 겹으로 만들어진 100% 재활용지입니다. 그림도 화학성 잉크 대신 식물성 잉크로 인쇄해 포장지를 땅에 묻어도 흙에 나쁜 영향을 전혀 끼치지 않는답니다. 또한 비료 성분도 들어가 있어 포장지를 그저 땅에 심고 물만 뿌리면 포장지에 그려진 풀싹이 짧으면 두 주, 길면 한 달 안에 돋아납니다. 포장지에는 브로콜리, 양파, 칠리, 당근, 고추, 토마토처럼 바로 뽑아 먹을 수 있는 푸성귀와 해바라기, 야생화와 같은 아리따운 꽃이 큼지막하게 그려져 있어, 디자인만으로도 큰 사랑을 받고 있습니다.

쓰레기가 생기지 않는 샴푸 용기

영국 디자이너 미 주Mi Zhou는 2019년 밀라노 디자인 위크Milano Design Week 2019에서 플라스틱 대신 비누를 주재료로 해서 세면용품을 담는 용기 소팩 보틀Soapack Bottle을 내놓아 많은 관심을 받았습니다. 비누로 샴푸를 담는 용기를 만들었으니, 내용물을 다 써도 쓰레기통에 버릴 필요가 없습니다. 용기가 곧 비누이니까요. 비누라서 쉽게 녹지 않을까 걱정되시

미 주가 2019년 밀라노 디자인 위크에서 선보인 소팩 보틀.

나요? 걱정 마세요. 표면에 밀랍을 얇게 입혀 물기에 쉬이 녹지 않도록 했습니다. 샴푸를 담는 용기로 손색이 없다는 말씀이지요. 샴푸를 다 쓴 다음에 빈 용기는 빨래하거나 청소할 때 쓸 수 있습니다. 다 쓰고 나면 자취 없이 사라지고 말지요.

플라스틱 발자국이 없고, 지구를 더럽히지 않는 포장재는 너끈히 만들 수 있습니다.

비건 패션, 되살림 흐름으로

요즘 단순히 먹는 것을 넘어 옷이나 화장품은 물론 탈것에 이르는 모든 데서 '비거니즘' 바람이 뜨겁게 일어나고 있습니다. 그동안 밀라노, 파리, 뉴욕에서 열리는 화려한 패션 주간에는 동물을 학대해서는 안 된다는 시위가 늘 따랐습니다. 2019년 2월, 로스앤젤레스 자연사박물관에서 '비건 패션 주간'이 펼쳐졌습니다. 동물을 바라보는 눈길이 달라지고, 기후 위기에 맞닥뜨린 사람들이 생각을 바꾸면서 패션계에도 '비건'이 성큼 다가선 것입니다. 세계 4대 패션 위크 가운데 하나인 런던 패션 위크에서는 2018년 9월 모피를 밀어냈습니다. 세계동물보호단체 PETA 프랑스 지부는 3회째를 맞은 '비건 패션 프라이즈'에서 비건 패션에 이름을 올린 브랜드들을 '패션 모멘

 트'로 선정하여 힘을 보탰습니다.

산목숨 빼앗지 않는다

2014년 패션 잡지 《보그》에 "구찌를 입은 사람들은 가식에 둘러싸여 패션이 우아해야 하는 줄도 모르는 사람이다"라는 혹평과 함께, 구찌 매출 성장률이 떨어지고 있다는 기사가 뒤따랐습니다. 급기야 이듬해 1월 대표가 바뀌었습니다. 매출이 떨어질 때 살림살이를 맡은 마르코 비자리Marco Bizzarri는 2017년 하반기, "2018년 봄 제품부터 모피를 빼겠다"고 나섭니다. 산짐승 가죽을 벗겨 얻는 모피 대신 구찌가 꺼내든 무기는 '에코 퍼'입니다. 구찌뿐 아니라 프라다, 지미추, 톰포드, 버버리, 베르사체와 같은 패션을 이끄는 브랜드 사이에서 모피나 가죽을 없애는 흐름이 활발히 일어나고 있습니다. 영국, 오스트리아, 이탈리아, 프랑스, 덴마크, 노르웨이 같은 나라는 이미 모피 생산을 막는 법을 제정했습니다. 그런데 합성 소재를 쓰는 것이 생태계를 망가뜨린다는 비판도 만만치 않습니다. 이에 화답하여 합성 소재를 거듭 되살려 쓰려는 운동이 곳곳에서 일어나고 있습니다.

기후변화연구소 보고서에 따르면, 해마다 250억 켤레 남짓 넘게 팔리는 신발은 어마어마한 쓰레기를 만들어내고 있습니다. 신발이 재활용되는 비율은 단 5%에 지나지 않습니다. 달리 말하면, 신발 95%는 일반 쓰레기와 함께 태우거나 묻고 있다는 뜻입니다. 가죽, 고무, 플라스틱, 직물과 같은 여러 소재가 섞여 있어 분리가 어렵기 때문입니다.

캐나다 신발 브랜드 네이티브 슈즈Native Shoes는 재활용할 수 있게 한 가지 소재로 신발을 만들어 눈길을 끌고 있습니다. 제퍼슨 블룸Jefferson Bloom이 그것입니다. 네이티브 슈즈

네이티브 슈즈. | QR코드: 네이티브 슈즈 홈페이지.

는 미국에서 수중 생태계에 악영향을 미치는 조류를 모아 가공하는 회사 블룸Bloom과 손을 잡고 새로운 EVA를 개발합니다. EVA(Ethylene Vinyl Acetate)는 고무처럼 부드러운 플라스틱으로, 내구성이 좋고 되살려 쓰기 쉬운 소재라서 크록스와 같은 신발을 만드는 데 많이 쓰입니다. 그러나 만들면서 환경오염 물질이 나온다는 단점이 있습니다. 그런데 블룸이 새로 만든 EVA는 기존 성분에 조류를 10% 섞어 넣어, 기존 EVA보다 물을 80L나 맑히고 이산화탄소 배출도 줄일 수 있었습니다. 네이티브 슈즈는 여기서 그치지 않고 더는 신을 수 없는 낡은 신발을 돌려받아 그 신발에서 뽑아낸 플라스틱 소재로 의자나 놀이터 쿠션 바닥으로 되살려내는 더 리믹스 프로젝트The Remix Project를 펼치고 있습니다.

— 독성 없는 신발로 되살아난 페트병

미국 여성화 로티스Rothy's는 아예 새로운 재료를 쓰지 않고, 썩는 데만 500년이 걸린다는 페트병으로 플랫 슈즈를 만들어 뜨거운 호응을 받고 있습니다. 로티스는 2012년 투자은행에 다니던 스티븐 호손스웨이트Stephen Hawthonthwaite와 크리에이티브 아티스트 로스 마틴Roth Martin이 뜻을 모아 걸음을 내디

됐습니다. 처음에는 그저 멋지고 편안한 여성용 플랫 슈즈를 만들겠다는 생각이었으나, 차츰 신발을 만들면서 나오는 쓰레기를 줄여보자는 쪽으로 생각이 기울었습니다. 그러다가 친환경 옷을 만드는 회사 파타고니아에서 영감을 얻어 거듭 되살려 쓸 수 있는 소재로 신발을 만들자고 다짐합니다. 버려진 페트병을 아주 작은 구슬로 쪼개어 녹여낸 것에서 뽑은 폴리에스터 실로 신발 상단을 짭니다. 페트병 세 개면 신발 한 켤레가 태어납니다. 이제까지 3,500만 개가 넘는 페트병을 신발로 되살려냈습니다. 신발 바닥은 온실가스가 나오지 않도록 탄소가 들어 있지 않은 고무로 만들고, 독성이 없는 접착제를 쓰

버려진 페트병에서 뽑은 실로 신발을 만드는 로티스. | QR코드: 로티스 홈페이지.

며, 제품 포장재도 재활용 소재를 써서 제대로 된 비건 신발을 만듭니다. 더구나 더는 신을 수 없을 만큼 낡은 신발은 로티스가 돌려받아 요가 매트로 탈바꿈시키거나 로티스 신발 밑창으로 되살려 씁니다. 여느 신발은 원단을 잘라 만들기 때문에 37%에 가까운 재료가 바로 쓰레기가 되고 맙니다. 그런데 로티스는 3D 프린터로 신발 모양에 맞춰 짜 올라가서 쓰레기가 6%밖에 나오지 않습니다.

— 빌려 쓰는 신발

독일 스포츠 의류 용품 브랜드 아디다스도 소재를 거듭 되살려 쓸 수 있는 신발을 개발했습니다. 퓨처크래프트 루프Futurecraft Loop라고 하는 이 운동화는 겉에서 바닥까지 한 가지 소재로 만들어 100% 되살려 쓸 수 있도록 했습니다. 아울러 낡아서 못 신게 된 운동화를 거두어들여 되살린 다음, 새 운동화를 보내주는 정기 구독 틀을 갖췄습니다. 크리에이티브 디렉터 폴 가우디오Paul Gaudio는 "루프 운동화는 신발을 갖는 것이 아니라 되살려 빌려 쓰는 신발"이라고 힘주어 말합니다. 아디다스는 여러 해 연구 끝에 여러모로 변형할 수 있고 되살려 써도 품질을 잃지 않는 열가소성 폴리우레탄TPU을 개발

100% 재활용이 가능한 퓨처크래프트 루프. | QR코드: 퓨처크래프트 루프 소개 페이지.

했습니다. 루프 운동화는 바닥부터 신발 끈까지 모두 TPU로 만들어집니다. 낡은 루프 운동화를 거두어들인 다음 작은 알갱이로 부수고 녹여서 순도 높은 TPU로 탈바꿈시킵니다. 이 TPU가 루프 운동화로 되살아납니다.

해양 쓰레기가 신발로

아디다스는 2016년부터 해양 플라스틱 폐기물로 만든 소재 오션 플라스틱Ocean Plastic으로 러닝화도 만들고 있습니다. 2015년 해양 환경보호 단체인 팔리 포 더 오션Parley for the

오션 플라스틱으로 운동화를 만든 아디다스.

Oceans과 어깨동무한 아디다스는 앞으로 모든 제품에서 '플라스틱을 없애겠다'고 다짐합니다. 제품 생산을 하나하나 짚어본 결과, 플라스틱을 없애려면 제품을 만드는 재료에 눈길을 돌려야 한다는 것을 깨닫습니다. 이 바탕에서 몰디브 앞바다에서 길어 올린, 버려진 그물과 페트병 따위로 오션 플라스틱이라는 소재를 개발합니다. 울트라부스트 언케이지드 팔리UltraBOOST Uncaged Parley 러닝화는 오션 플라스틱 95%와 재생 폴리에스터 5%를 활용해 빚은 신발입니다. 뛰어난 착용감으로 유명한 이 운동화는 신발 끈과 발목을 감싸는 쿠션, 굽까지 모두 재활용 물질로 만들어졌습니다. 최근엔 품을 더 넓혀 오션 플라스틱으로 만든 옷도 내놓았습니다. 가볍고 편안한 착용감을 뽐내며 많은 이에게 사랑받고 있습니다.

비건 패션을 더듬어보면, 앓는 소리를 들을 수 있는 귀를 가져야 함을 알 수 있습니다. 경험이 많은 전문가만이 문제를 꿰뚫어 볼 수 있는 것이 아니라는 것도요. 구찌는 "착한 소비를 앞세우는 밀레니얼 세대는 모피를 좋아하지 않는다"는 신입사원이 내놓은 의견을 받아들여 산짐승 가죽을 벗긴 모피가 아닌 '에코 퍼'를 내놓을 수 있었습니다. 로티스 신발도 다르지 않습니다. 공동 창업자 마틴이 "우리는 신발을 만드는 게 얼마나 복잡하고 힘든 일인지 미처 몰랐다"고 털어놓을 만큼 신발 만드는 데 아는 것이 없었습니다. 그러나 페트병이 썩는 데 500년이 걸린다는 이야기를 듣고, 이를 거듭 되살려 생태계를 살리겠다는 뚜렷한 목표를 세웠습니다. 더욱이 '신발은 이렇게 만들어지는 거야!'라는 몸에 밴 틀이 없었기에 3D 프린터로 비건 신발을 만들어 널리 퍼뜨릴 수 있었습니다.

URITROTTOIR

3부

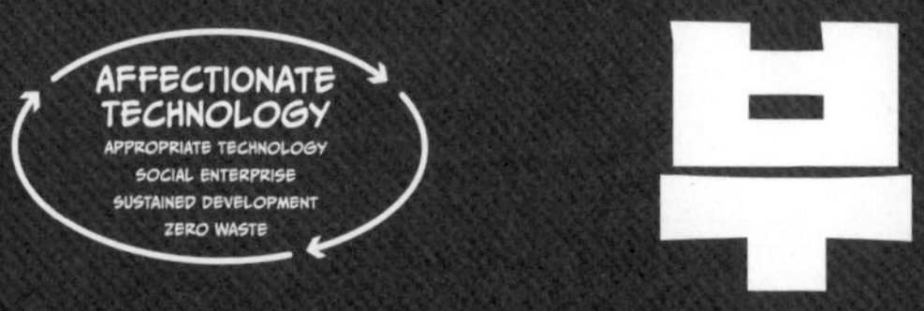

더 느리게
더 슬기롭게
더 참되게

안전한 길을 위하여

한때 경기도에서 서울 가는 광역버스를 타면 고속도로에 들어서기에 앞서, 모두 안전벨트를 매라는 안내방송이 나왔습니다. 그럴 때마다 헛헛한 웃음이 나왔습니다. 광역버스를 타면 아침저녁 출퇴근 시간은 말할 것도 없고 다른 때에도 서서 가는 일이 잦았기 때문입니다. 시내버스나 마을버스를 타고 다니다 보면 차가 멈춘 다음에 자리에서 일어나라는 방송이 나옵니다. 그래서 차가 선 다음에 일어나서 내리려고 하면 어느새 운전기사는 문을 닫고 출발하기 바쁩니다. 왜 그리 서두르냐고 물으면, 배차 시간이 빠듯해 때로는 교차로 신호도 모른 척해야만 운행 횟수를 채울 수 있다고 합니다.

처음 일본을 찾은 한국 사람들은 택시를 타려고 다가서다가 뒷좌석 문이 저절로 열리는 바람에 깜짝 놀랍니다. 손님이 타고 내릴 때 뒤에서 달려드는 오토바이나 자전거와 부딪히는 사고를 막으려고 택시기사가 뒷거울로 안전을 확인한 뒤 문을 여닫기 때문입니다. 한국에서처럼 손님이 직접 문을 열면, 이번엔 택시기사가 깜짝 놀랍니다.

일본에서 식당에 가면 자리로 안내하는 직원이 몇 칸 되지 않는 가벼운 계단을 오르내릴 때, "높낮이가 다르니 조심하세요"라고 말하며 반드시 손으로도 가리킵니다.

일본 시내버스 운전기사는 손님이 모두 자리에 앉은 것을 보고서야 "이제 떠납니다. 흔들릴 수 있으니 손잡이를 꽉 잡아주세요"라고 방송하고, 앞뒤 좌우를 손가락으로 낱낱이 가리키며 입으로 "문제 없음, 문제 없음, 문제 없음" 하고 나서야 시동을 겁니다. 그리고 방향 지시등을 켤 때마다 "왼쪽으로 돕니다" "오른쪽으로 돕니다" "주의해주세요" 하는 방송이 거듭 흘러나옵니다. 버스가 설 때도 운전기사는 "정차합니다"라고 얘기합니다. 버스가 서기도 전에 서둘러 일어나는 손님은 찾아볼 수 없습니다. 아침마다 동네 주택가를 도는 청소차도 마찬가지입니다. 차로 가운데에서 공사가 벌어지면 건널목 양옆에 있는 안전원이 신호봉과 깃발을 들고 서서 걷는 사람들을 보살핍니다.

한술 더 떠서 일본에서는 손님을 안전하게 모시려는 뜻에서 안내원이 있는 버스가 있는가 하면, 느릿느릿 가는 '거북이 택시'도 나타났습니다. 거북이 택시는 급히 떠나거나 급하게 멈추지 않는 택시로, 손님이 풍경을 느긋하게 누릴 수 있도록 '느릿느릿 달림' 옵션 서비스를 하고 있습니다.

산와 교통그룹에서 내놓은 이 서비스는 '모든 손님이 반드시 빨리 가길 바라지 않는다'는 걸 알아채고, 손님에게 '빠르게'보다는 '편안함'을 주려고 시작했답니다. 겉모습은 여느 택시와 다르지 않지만, 거북이 모양 로고와 큼지막하게 거북이 택시라고 적바림해 놓아 멀리서도 잘 알아볼 수 있습니다. 운전석 뒤쪽에는 '느릿느릿 달림' 단추가 달려 있어 손님이 천천히 가고 싶을 때 이 단추를 누르면 됩니다. 단추를 누른 손님에게 '고마움 카드'를 주는데, 이 카드에는 '에코 주행 안내'가 적혀 있습니다. 에코 주행이란, '느릿느릿 달림' 단추를 누른 뒤 운행하는 것을 말합니다. 알맞은 속도를 지키고 급브레이크를 밟지 않으면 차 연비가 좋아지고 이산화탄소도 덜 생깁니다. 이러한 것들은 손님을 편안하게 할 뿐만 아니라 에너지를 아끼고 환경을 살리는 좋은 운전 버릇을 기르는 데도 도움을 줍니다. 실제로 택시 기사들은 신호를 기다릴 때는 엔진

거북이 택시.

을 끄고 떠날 때도 아주 천천히 떠납니다.

이 회사가 거북이 서비스를 하고 나서 15%에 이르는 손님들이 거북이 택시를 탄다고 합니다. 요코하마에서 열 대로 시작한 거북이 택시는 즐겨 찾는 손님이 임산부와 노약자 그리고 자는 손님이었는데, 찾는 손님이 늘어 이젠 다른 곳에서도 운행합니다.

숨을 불어넣은 길

쓸모에 숨을 불어넣어 사람을 보듬는 건널목과 골목길 이야기를 들려드리려고 합니다. 교통사고를 일으키는 것은 사람이고, 교통사고로 다치는 이도 사람입니다. 건널목 교통사고도 드문 일이 아닙니다. 어떻게 하면 줄일 수 있을까요?

— 트릭아트가 건널목으로

인도에서는 날마다 교통사고로 목숨을 잃는 아이가 16명이나 된답니다. 인도 정부는 그동안 어린이 교통사고를 줄이려고 과속방지턱을 만들었으나, 차량 흐름을 막아 또 다른 문제를 일으키기도 했습니다. 인도 정부는 고심 끝에 새로운 아이디어를 내놨습니다. '건널목이 떠 있는 것처럼 보인다면 운전자들이 속도를 줄이거나 좀 더 주의를 기울이지 않을까?'

인도 해운도로교통부 니틴 가드카리 장관이 이런 트윗을 올립니다. "우리는 과속방지턱이 주는 문제를 없애려고 가상 과속방지기로서 3D 도색을 실험하고 있습니다." 뇌를 속여 이른바 '속는 쾌감'을 느끼도록 하는 '트릭 아트Trick Art'처럼 말이지요.

입체 미술 예술가 사우미야 판디야가 학교 둘레 도로에 3D 과속방지턱을 그렸습니다. 착시로 가상공간을 현실감 있게 보여주는 입체 그림 트릭 아트 효과는 놀라웠습니다. 건널목에 그림만 그렸을 뿐인데, 학교 둘레 교통사고 발생률이 크게 떨어집니다. 그림을 그리는 데는 페인트 몇 통밖에 들어가지 않으니 돈도 아낄 수 있었으며, 실제 방지턱이 없어 승차감이 나빠지지도 않습니다. 더 놀라운 일은 교통 체증도 일어나지 않았다는 것입니다.

운전자가 속도를 줄이기는 하지만, 가까이 다가갔을 때 착각이었음을 알고 다시 페달을 밟기 때문이지요. 속고 나서 저절로 머금어지는 입가 웃음은 덤입니다. 예술가들 유희로만 여겨지던 착시 현상으로 사회문제를 풀 수 있는 실마리는, 미처 눈치를 채지 못해서 그렇지 사회 곳곳에 숨어 있지 않을까요?

3D 과속방지턱.

노란 발자국 프로젝트

우리나라 경찰이 이에 버금가는 아이디어를 내놔 학교에 가는 아이들 안전을 지키고 있습니다. 초등학교 앞 건널목 어귀에 노란 발자국을 그려 넣은 '노란 발자국 프로젝트'가 그것입니다. 어린이가 많이 다니는 건널목 나들목에 차도에서 1m쯤 떨어진 곳에 노란 빛깔 정지선과 발자국을 그립니다. 경기남부지방경찰청이 내놓은 작품인데요, 노란 발자국이 노리는 것은 넛지 효과Nudge Effect입니다. 넛지란, '옆구리를 슬쩍 찌른다'는 뜻으로, 자연스럽게 행동을 이끄는 것을 일컫습니다.

경찰은 2016년 3월 16일 용인 상현초등학교 앞 건널목에 노란 발자국을 처음으로 그린 뒤, 100일 동안 경기남부지역 696개 초교, 1933개 건널목으로 늘렸습니다. 아이들은 놀이하듯 노란 발자국을 디디고 서서 건널목 신호를 기다립니다. 4~5월 학교 앞 어린이 교통사고 건수는 8건으로, 다른 해 같은 기간 17건에 견줘 반도 되지 않습니다. 더구나 노란 발자국을 그려 넣은 건널목에서는 사고가 1건도 일어나지 않았다고 합니다. 노란 발자국이 효과를 보자 경찰은 광운대학교 공

노란 발자국 프로젝트.

공소통연구소, 페인트 업계와 함께 노란 발자국 설치 가이드라인도 만들었습니다. 가이드라인에서는 채도가 높은 노란색을 기본으로 하고, 미끄럼 방지 페인트를 써달라고 나와 있습니다. 아울러 노란 발자국을 건널목 오른쪽에 차량 정지선과 거리를 넉넉히 두도록 했습니다.

노란 발자국은 입소문을 타고 나라 곳곳으로 퍼졌습니다. 이젠 우리 둘레에서 쉽게 찾아볼 수 있습니다.

LED 건널목

최근 네덜란드에서 보행자 교통사고를 막는 기발한 건널목이 태어났습니다. 신생 기업 라이티드 지브라 크로싱Lighted Zebra Crossing이 설계하고 세운 LED 건널목입니다. LED 건널목이라니, 어떤 걸까요? 그저 건널목 밑으로 밝게 빛나는 LED 조명을 깔아놓았을 뿐입니다. 그러나 이 건널목에는 놀라운 비밀이 하나 숨어 있어요. 바로 보행자를 감지하는 센서입니다. LED 건널목은 보행자가 건널목에 발을 내딛는 순간 스스로 불을 밝힙니다. 여느 건널목보다 훨씬 밝지요. 보행자까지 환하게 비추기 때문에 운전자는 멀리서도 길을 건너는 사람을 볼 수 있고, 건널목 둘레를 살피기도 쉽습니다.

LED 건널목. | QR코드: 라이티드 지브라 크로싱 홈페이지.

햇빛 충전 도로

폴란드 프루슈쿠프란 마을에는 밤하늘에서 은하수가 내려온 듯 반짝이는 길이 있습니다. 환히 빛나는 자전거 도로 루미노퍼Luminophore 길은 폴란드 미래기술 엔지니어링 기업 TPA가 만들었습니다. 루미노퍼 길은 전기 에너지를 하나도 쓰지 않고 밤에 빛을 낸다는 점에서 남다릅니다.

어떻게 전기 없이 스스로 빛을 낼 수 있을까요? 지난날 빛나는 길들은 대부분 LED 조명을 썼습니다. 그런데 이 길은 빛을 빨아들이는 특수 소재인 루미노퍼를 쓴 햇빛 충전 도로입니다. 낮에 햇빛을 받아 충전한 에너지로 밤에 빛을 내는 거지

루미노퍼 길. | QR코드: 루미노퍼 길 소개 영상.

요. 1시간 충전으로 8시간 남짓 빛을 내뿜으며, 20년은 너끈히 쓸 수 있을 만큼 튼튼하답니다. 또 어떤 빛깔로도 탈바꿈할 수 있습니다. 덕분에 이 마을에서는 호수가 많은 경관에 잘 어울리는 파란 빛깔을 골랐습니다. 자전거를 타는 사람은 푸른 빛을 조명 삼아 라이딩을 즐길 수 있지요.

루미노퍼 길 상용화를 앞두고 TPA는 자전거 도로에 루미노퍼를 시범 설치하고 실험을 거듭하고 있습니다. 웬만큼 실험을 마치면 폴란드 수도인 바르샤바에 설치한다고 합니다. 교통사고가 잦은 길과 어두운 골목길에서 여성들이나 어린이들이 마음 놓고 집으로 돌아갈 수 있는 안전한 길을 꿈꿉니다.

트릭 아트 3D 과속방지턱이 그려진 건널목이나 노란 발자국이 찍힌 건널목, 그리고 LED 건널목이나 햇빛 충전 도로인 루미노퍼 길을 만들어, 건널목·골목길에 쓸모를 더해 빛나게 만든 사람들. 이토록 애쓰는 이들의 노력이 열매를 맺어, 부디 걷는 이들이 마음 놓을 수 있는 세상이 오기를 빕니다.

신호등에 마음을 담으면

어려서 소아마비를 앓아 오른쪽 다리를 절다 보니 겨울철 빙판 길을 걷기 힘듭니다. 날이 몹시 차고 길이 미끄러운 날, 신호가 짧은 건널목에 서면 오금이 저립니다. 뛰어가다가 미끄러질까 봐 지레 겁 먹은 탓입니다. 요즘은 나이 든 데다가 운동도 거의 하지 않다 보니 다리 힘이 더욱 떨어져서 철을 가릴 것 없이 건널목 건너기가 조심스럽습니다.

여린 이 보듬는 건널목 카드

싱가포르에는 어르신과 장애인을 보듬는 '건널목 카드'가 있습니다. 늙거나 장애가 있어 걸음걸이가 느린 사람들이 마음 놓고 건널목을 건널 수 있도록 푸른빛 불이 켜지는 시간을 더 늘려주는 신호등 연장 카드입니다. 어르신이나 장애인처럼 여리고 힘이 달리는 이들에게만 나눠주는 남다른 카드입니다. 카드 이름은 그린 맨 플러스The Green Man Plus. 신호등에 붙어 있는 단말기에 카드를 대면 건널목 길이에 따라 푸른빛 불이 켜지는 시간이 짧게는 3초에서 길게는 13초까지 늘어납니다. 건널목을 건너는 사람들이 건네는 이런저런 소리를 싱가포르 교통 당국이 귀담아듣고 만든 이 신호등 단말기는 반응이 좋아 1,000여 개 남짓 세워졌습니다.

서울시 '교통신호등 운영'에 따르면, 건널목에 푸른빛 불이 들어오는 시간은 예비 시간 7초에 건널목 '1m에 1초'씩 늘어

그린 맨 플러스.

납니다. 건널목 길이가 20m라면 27초라는 얘기지요. 보행 밀도가 높거나 어린이 보호구역, 장애인이나 어르신이 많은 곳에서는 이보다 조금 긴 '0.8m에 1초'랍니다. 그러나 사람이 드문 지방으로 갈수록 푸른빛 시간이 짧아지기 때문에 장애인이나 어르신들이 건너기에 신경이 쓰입니다.

신호등을 쥐락펴락

네덜란드 기업 다이니크Dynniq가 내놓은 크로스워크Crosswalk도 푸른빛 불이 켜지는 시간을 늘려주어 걸음걸이가 느린 사람을 보듬는 세계 최초 보행자 신호등 제어 앱입니다. 크로스워크는 GPS와 블루투스 통신 모듈이 달린 신호등 제어기와 연동해 작동합니다. 신호등 제어기는 건널목 가까이 있는 앱 사용자를 바로 알아차립니다. 사용자는 앱을 켜고 스마트폰으로 푸른빛 불이 켜지는 시간을 쥐락펴락할 수 있습니다.

네덜란드 남부 도시 틸브르프에서는 보행자와 자전거 라이더들에게 더욱 안전한 도시를 만들려고 크로스워크를 받아들이기로 했습니다. 다이니크는 자전거 운전자가 교차로에서 자주 멈추지 않고 지나갈 수 있도록 앱에 기능을 더하고, 시각장애인을 아우르는 목소리 서비스도 덧붙였습니다. 크로스워크

크로스워크 앱을 켜고 교차로를 달리는 자전거 라이더들.

는 자동차 운전자들이 썩 반길 앱은 아니지만, 보행자와 자전거를 타는 사람들에게는 매우 쓸모 있습니다. 어르신과 아이 그리고 장애인들에게는 없어서는 안 될 앱이지요.

춤추는 신호등

차와 차가 부딪쳐서 일어나는 것 못지않게 길을 걷는 사람을 차가 치어서 일어나는 교통사고도 적지 않습니다. 보행자 교통사고는 운전자 과실이 큽니다만, 건널목을 건너는 사람들이 교통신호를 어겨 일어나는 사고도 적지 않습니다. 건널목 신호를 잘 지키고 좌우를 잘 살펴 건너기만 해도 보행자 교통사고는 크게 줄일 수 있습니다. 그러려면 걷는 이들이 건널목 신호를 잘 지켜야 하지요.

독일 자동차 기업 다임러 AG는 걷는 사람이 보행 신호를 잘 지킬 수 있게 하려고 재미있는 장치를 만들었어요. 기다리기를 싫어하는 사람들은 잠시 멈추라는 빨간 신호를 못 본 체하고 건널목을 건너기도 합니다. 다임러 AG는 사람들이 지루한 잠깐 동안을 잘 보낼 수 있도록 '춤추는 신호등'을 개발합니다.

신호등 가까이에 커다란 신호등 박스가 하나 세워져 있습니다. 사람들은 이곳에 들어가 춤을 춥니다. 이 신호등은 춤추는 사람의 움직임을 따라 하거든요. 신호등 박스 안에는 움직

다임러 AG 스마트에서 만든 춤추는 신호등. | QR코드: 춤추는 신호등 영상.

임을 읽을 수 있는 센서와 카메라가 달려 있어요. 여기서 춤추면 그 움직임이 '춤추는 신호등'에 보내지고 픽토그램이 그대로 재현해냅니다. 사람들은 푸른빛 불이 들어올 때까지 춤추는 빨간 신호등을 즐기며 기다릴 수 있습니다.

이 캠페인으로 무려 81%가 넘는 사람들이 신호를 지키며 건널목을 건넜습니다. 사람들에게 즐거움을 주어 교통신호를 지키도록 한 것입니다. 도시를 보다 안전하고 재미있는 곳으로 만든 본보기입니다.

뿌린 대로 거둔다

권정생 선생님이 쓰신 동화 《강아지 똥》은 어떤 강아지가 골목길 담 귀퉁이에 누어놓은 똥 덩어리가 주인공입니다. 날아가던 참새도, 길가에 뒹굴고 있던 흙덩이도 모두 강아지 똥을 보고 더럽다고 찡그립니다. 제가 아무짝에도 쓸모없다고 여기던 강아지 똥은 봄비가 내리는 날 민들레 싹을 만납니다. 비에 몸뚱이가 낱낱이 흩어진 강아지 똥은 거름이 되어 민들레 뿌리를 꼭 끌어안고 민들레 줄기를 타고 들어가 곱다란 민들레 꽃을 피워 올리지요. 모든 목숨붙이는 큰 틀에서 돌고 돕니다. 그런데 우리는 이렇게 돌고 도는 세상을 생각 속에서만 새길 뿐, 현실 세계에서는 까맣게 잊고 너 따로 나 따로 떨어져 있는 줄 알고 살아갑니다.

농작물을 기르려면 땅과 햇빛, 물이 꼭 있어야 합니다. 아울러 농부들이 퍽 오랜 시간 땀 흘려 가꿔야만 좋은 낟알을 거둘 수 있습니다. 아무리 애써도 땅이 메마르다면 곡식이 잘 자라지 못합니다. 땅을 기름지게 하기란 여간 어려운 일이 아닙니다. 그런데 여기, 사람 오줌으로 땅을 기름지게 만들어 농작물을 기를 수 있도록 해주는 풀 카펫 'RISE'가 있습니다. RISE는 여느 카펫과는 달리 실내가 아닌 바깥에 깝니다. 메마른 땅에 깔아 풀을 키우는 양탄자입니다. 멕시코 몬테레이 국립연구소 산업디자인학과에 다니는 학생 세 명이 난민촌을 도우려고 고안한 디자인으로 2017 RSA 학생 디자인 어워드Student Design Awards 2017에서 우승했습니다.

RISE는 100% 생분해 물질로 만들어져 있으며, 여러 씨앗을 품고 있어 땅에 깔아놓고 오줌만 때맞춰서 뿌려주면 식물이 자랍니다. 사람 오줌은 식물을 잘 자라게 하는 인과 칼륨뿐만 아니라 질소도 적잖이 머금고 있지요. 난민촌이나 재난이 일어난 그 어디에라도 깔아 쓸 수 있습니다. 아울러 평평한 마당이 있는 공동주택이나 지붕에도 펼칠 수 있습니다. RISE는 난민을 비롯해 재난과 맞닥뜨린 수많은 이웃에게 든든한 힘이 되어줄 것입니다.

RISE 카펫.

길거리 방뇨, 되돌려드려요

오줌을 활용해 뜻을 이루기도 하지만, 반대로 오줌이 골칫거리가 되기도 합니다.

독일 함부르크는 물도 많고 배도 많은 아름다운 항구도시입니다. 그중에서도 함부르크에 있는 상파울리는 해마다 2천만 명이 넘는 내국인과 관광객들이 모이는, 세계에서도 가장 유흥업소가 많은 곳이지요. 그런데 이곳 주민들이 한 가지 문제로 골머리를 앓고 있습니다. 밤이면 밤마다 술 취한 사람들이 저지르는 길거리 방뇨 때문인데요, 독일은 공공화장실 이용료로 약 1유로를 내야 해서 길거리 방뇨가 많답니다. 독일에서는 길거리에서 오줌을 누다 걸리면 35달러나 되는 벌금을 물리고 있지만, 경찰은 잘 단속하지 않습니다.

힘겨워하던 주민들은 건물 벽 곳곳에 '소변 금지' 경고문을 붙였습니다. 그런다고 취객들이 순순히 따라줄까요? 수없이 호소하고 경고해도 길거리 방뇨는 좀처럼 줄어들지 않았습니다. 참다 못한 상파울리 주민들이 복수하기로 합니다. 취객이 길거리 방뇨를 하면, 오줌이 그대로 취객에게 되돌아가도록 한 것이지요. 이 기발한 복수, 어떻게 할 수 있었을까요?

2015년 초 상파울리 주민들은 길거리 방뇨를 할 만한 곳곳에 특수 용액을 바릅니다. 바로 초발수 코팅제 '울트라 에버 드라이Ultra Ever Dry'입니다. 이 코팅제를 벽에 바른 뒤 물을 뿌리면, 물을 그대로 튕겨냅니다. 반사 거울처럼 스스로 뿌린 만큼 그대로 거둬가게 하는 것이지요. 효과는 놀라웠습니다. 담에 방뇨한 이들이 제 바지와 신발에 금방 눈 오줌을 그대로 되맞는 일이 벌어졌습니다. 담벼락 방뇨자들에게 수없이 많은 벽이 복수하는 장면이 영상으로 찍혀 유튜브에 오르기도 합니다. 프로젝트 과정을 그린 영상은 얼마 지나지 않아 조회 수 40만 선을 넘기면서 소변 금지 홍보 효과를 톡톡히 얻었습니다. 무엇보다 이 사실이 입소문을 타면서 길거리 방뇨가 눈에 띄게 줄었답니다.

방뇨 페인트칠 프로젝트 영상.

상파울리 주민들의 복수가 성공을 거두는 영상이 인기를 얻자, 세계 곳곳에서 이와 같은 불편을 겪던 사람들은 따라하고자 했습니다. 상파울리 주민들이 발랐던 초발수 코팅제가 뭐냐는 문의가 빗발쳤지요. 정말 재치 넘치는 보복이 아닐 수 없습니다.

그래도 보복이라니, 뭔가 아쉬움이 남습니다. 어느 것 하나 돌고 돌지 않는 것이 없지만 똥오줌이야말로 순환에 가장 앞장서는데, 악취만 풍기는 쓸모없는 것으로 취급하니 말입니다. 오줌은 98%가 물이고 2%는 탄소와 질소, 수소, 산소로 이뤄진 유기물 요소입니다. 70억 인류가 하루에 쏟아내는 오줌은 무려 105억 리터에 이릅니다. 수영장 4,200개를 채울 수 있는 엄청난 양이지요. 오줌은 물과 섞여 폐수장으로 흘러 들어가 버려지고 있습니다. 과연 오줌은 그저 오염된 물에 지나지 않을까요?

여기, 길거리 방뇨를 아름답게 받아 품은 본보기가 있습니다. 로맨틱한 예술 도시라 알려진 프랑스 파리도 길거리 방뇨에서 오는 냄새에서 벗어날 수 없었습니다. 도시 관리 공무원들에게 오랜 골칫거리 가운데 하나였지요.

2017년 2월, 파리는 '악취 도시'라는 오명에서 벗어나고자 나섰습니다. 고심 끝에 프랑스 철도청은 노상 방뇨로 지린내가 극심한 파리 리옹역 바로 옆에 남다른 공공 소변기 두 대를 세웠습니다. 소변기 이름은 위리트로투아Uritrottoir. 프랑스 말로 '오줌통urinal'과 '길거리trottoir'를 모아 만든 말입니다.

위리트로투아. | QR코드: 위리트로투아 소개 영상.

길거리에 서 있는 커다란 화분을 쏙 빼닮은 공공 소변기 위리트로투아는 크게 세 가지로 나눌 수 있습니다. 첫째, 맨 위에 있는 작은 꽃밭입니다. 여러 가지 푸나무가 자라고 있어 도시 미관을 좋게 합니다. 둘째, 소변기입니다. 꽃밭에 붙어 있어 어느 소변기보다 작지만 어른 남성이 서서 오줌 눌 수 있는 크기는 됩니다. 셋째, 짚과 톱밥으로 채워져 있는 오줌통입니다. 통에 모인 오줌은 짚과 톱밥에 섞이면서 친환경 비료로 탈바꿈하여 소변기 위에 심어놓은 푸나무가 잘 자라도록 합니다. 남은 퇴비는 공원이나 정원에 뿌려집니다. 길거리 방뇨를 막아 냄새를 없애고, 퇴비를 만들어 식물을 가꾸니, 일석이조입니다.

프랑스 디자인 기업 팔타지Faltazi에서 일하는 디자이너 빅토르 매시프Victor Massip와 로랑 르보Laurent Lebot가 함께 설계한 이 소변기는 낙서 방지 기능 페인트로 칠했습니다. 오줌이 가득 모이면 원격으로 제어되는 컴퓨터에 보내져, 시청에서 밀짚과 톱밥에 섞인 오줌을 걷어다가 파리 외곽으로 가져가 퇴비로 탈바꿈시킵니다. 한 사람 오줌을 450ml로 봤을 때 한 차례 비우기까지, 작은 것은 300명, 큰 것은 600명까지 쓸 수 있습니다.

위리트로투아는 도심에서 일어나는 길거리 방뇨 문제를 풀 수 있을 뿐만 아니라, 친환경 비료를 손쉽게 만들어낼 수 있다는 점에서 빼어난 발명품이 아닐 수 없습니다. 그러나 아직은 '볼일이 급한 남성들'만 이 소변기를 이용할 수 있다는 것이 결점입니다. 제품을 디자인한 로랑 르보는 "길거리 방뇨는 남성들만 저지른다고 생각하기 쉽지만, 그렇지 않아요. 이 제품이 길거리 방뇨가 지닌 문제를 다 풀었다고 보기는 어려워요."라고 했습니다. 한계가 있음에도, 파리 시민들은 그동안 골치를 썩여온 길거리 방뇨 문제를 풀 수 있는 놀라운 해법을 찾았다고 기뻐합니다. 프랑스 철도청 관계자는 "귀갓길 열차에 오르기 전 길거리에서 오줌을 누는 사람들이 많아요. 냄새도 심하고 청소 비용도 만만치 않지요. 이 소변기를 다른 역에도 세울 겁니다"라고 했습니다.

이제 위리트로투아는 파리 외에도 낭트, 칸 같은 도시에도 있습니다. 스위스 로잔과 영국 런던처럼 다른 나라 도시에서도 주문이 이어지고 있답니다. 이 친환경 공공 소변기가 우리나라 곳곳에도 세워지면 좋겠습니다. 천 리 길도 한 걸음부터 이듯이, 얽히고설킨 작은 것부터 하나하나 풀어가길 바랍니다.

싱그러움을 팝니다

요즘 먹는 일이 조심스럽습니다. 먹을거리가 세계 국경을 넘나들다 보니 어떤 이가 어떤 생각을 가지고 어떻게 지은 것인지 알기 어려운 데다가, 환경도 적잖이 더럽히고 있습니다. 또한 세계에는 굶주리는 사람이 적지 않은데, 멀쩡하니 버려지는 음식물도 어마어마합니다.

— 열매에 갑옷을 입히다

지구에 있는 모든 목숨붙이는 살갗이나 껍질을 가지고 있습니다. 사과, 복숭아, 바나나 할 것 없이 껍질에 둘러싸인 열매는 껍질을 벗긴 것보다 다섯 배나 더 싱싱합니다. 그러나 기온이 30℃를 넘나드는 한여름 날씨에 시달리다 보면, 과일과 채소는 껍질이 멋쩍다 싶을 만큼 쉬이 시들게 마련입니다.

미국 캘리포니아에 있는 어필 사이언스Apeel Sciences가 과채류 쓰레기로 골머리를 앓는 식료품 유통업계에 생기를 불어넣습니다. 먹을 수 있는 코팅제 어필Apeel을 개발했거든요. 어필은 채소나 과일의 껍질과 씨앗에서 지방질을 뽑아내 입히기 좋도록 묽게 만들었습니다. 사람이 먹어도 조금도 해롭지 않은 식용 코팅제를 덧입힌 열매채소와 과일은 갑옷을 한 겹 더 입은 것처럼 오래도록 물기를 머금어 촉촉하고 싱그럽습니다. 또 과채류가 박테리아나 곰팡이, 곤충에게 받는 스트레스에서도 벗어나도록 해줍니다. 박테리아나 곰팡이, 벌레 들은 모두 농산물 겉에 있는 특정 분자를 인식해 먹이를 가려냅니다. 그런데 어필은 아주 얇은 분자층을 겉껍질에 덧입혀 박테리아나 곰팡이, 벌레 눈을 가립니다.

어필 사이언스는 식용 코팅제 실험 품목으로 가장 먼저 아보카도를 꺼내 들었습니다. 영양분이 넉넉한 아보카도는 여러 가지 요리 재료로 쓰이며 사람들 입맛을 사로잡았으나, 보관하기가 여간 까다롭지 않아 적잖이 골치를 썩였습니다. 어필 사이언스 경영자 제임스 로저스James Rogers는 "아보카도는 익기 전에 껍질을 벗기면 딱딱해서 먹기 힘들고, 너무 익은 뒤

어필 코팅제를 입힌 아보카도. | QR코드: 어필 사이언스 홈페이지.

에 껍질을 벗기면 빛깔과 맛이 좋지 않습니다. 먹기 좋은 때를 가리기가 퍽 까다로워서 아보카도를 실험 대상으로 골랐습니다"라고 했습니다.

결과는 어땠을까요? 벌거숭이 아보카도에 견줘 식용 코팅제를 입힌 아보카도는 유통기한이 배로 늘어났습니다. 바나나, 딸기, 완두콩 따위 열매채소나 과일들은 유통기한이 작게는 한 배에서 크게는 세 배까지 늘어났습니다. 이제 방부제 없이도 품질을 지킬 수 있고, 냉장하지 않고도 쉽게 옮길 수 있다는 얘기입니다. 과채류가 싱그러움을 오래도록 잃지 않을 수 있으니 음식물 쓰레기도 퍽 줄일 수 있겠지요?

네덜란드 슈퍼마켓 체인 하나가 '싱그러운 채소 끝판왕'을 내세웁니다. 가게 진열대에 채소밭을 들여 놓은 거지요. 흙에 뿌리를 내린 채소다 보니, 싱그럽기가 뿌리 잘린 채 진열대에 누운 채소에 견줄 수 없습니다. 슈퍼마켓 알버트 하인Albert Heijn에 가면 채소밭이 있습니다. 알버트 하인은 네덜란드 디자인 기업 스튜디오 엠에프디Studio mfd와 어깨동무해서 이 채소밭을 꾸렸습니다. 농부가 채소를 거둬들이듯, 손님들은 먹고 싶은 나물이나 채소를 직접 따서 바구니에 담으면 됩니다. 채소를 딴 손님은 손에 묻은 흙을 싱크대에서 씻고 계산대에 무게를 달아 값을 치릅니다. 직접 딴 채소를 바구니에 담은 손님들은 텃밭을 가꿔 거둔 것 같은 재미가 쏠쏠합니다. 밭에서 따서 바로 음식에 얹어 먹으니 시들어서 버려지는 채소도 한결 줄일 수 있습니다.

조금 깊이 들여다보는 손님이라면 더 큰 즐거움을 얻을 수 있습니다. 푸드 마일리지Food Mileage를 줄인다는 뿌듯함이지요. 푸드 마일리지는 식품이 만들어진 곳에서 밥상에 오르기까지 매연을 내뿜으며 움직인 거리를 일컫는 말입니다. 1994년 영국 환경운동가 팀 랭Tim Lang이 처음 말한 용어로, 지수가 높을수록 먼 곳에서 온 식품이라는 뜻이에요. 옮기는

알버트 하인에 진열된 채소밭.

동안 썩지 말라고 뿌린 살충제나 방부제 때문에, 몸을 살리려고 먹은 식품이 도리어 몸을 죽일 수 있다는 것입니다. 또한 배나 자동차로 옮겨 와야 하니 이산화탄소를 많이 쏟아내며 탄소 발자국을 늘립니다. 그러나 이 채소밭은 탄소 발자국이 0에 가깝지요.

— 채소를 기르는 피자 가게

푸드 마일리지를 줄이며 우뚝 선 베트남 피자 회사도 있습니다. 피자 포피스Pizza 4P's입니다. 일본인 마스코 요스케益子 陽介는 인터넷 광고와 게임 사업을 하는 사이버 에이전트 베트남 지사 대표를 2010년에 그만두고 피자 가게를 차립니다. 피자 파티를 하겠다며 요스케가 뒤뜰에 화덕을 만들어 갓 구운 피자를 내놓으면, 동료들 얼굴에 환한 웃음이 번졌어요. 그 즐거움을 이어가려고 피자 가게를 연 것입니다.

피자 포피스 콘셉트는 농장에서 밥상에 오르기까지 탄소발자국을 줄인 밥상, 팜 투 테이블farm to table입니다. 사업 초기에는 이탈리아에서 재료를 들여왔습니다. 먼길을 거쳐 오다 보니 재료들이 싱싱하지 않았습니다. 음식에 진심이던 마스코 요스케는 '직접 재배하고 만든 재료를 써야겠구나' 하고 생각

피자 포피스. | QR코드: 피자 포피스 홈페이지.

하고는 가게 둘레에 목장을 꾸려 정성껏 치즈를 만듭니다. 그렇게 첫걸음을 내딛었습니다. 좋은 치즈를 만들다 보니 그에 못지않게 싱그러운 유기농 채소도 필요했습니다. 유기농 채소는 너무 자라면 쓴맛이 돌기 때문에 다 자라기 전에 거둬들여야 맛있습니다. 그러나 계약 농가에서는 무게에 따라 돈을 받으니, 되도록 다 자란 채소를 납품하려고 합니다. 맛이 떨어지는 재료로 원하는 피자를 만들기 어려웠습니다. 이리저리 헤매다가 농약이나 살균제, 제초제를 쓰지 않고 채소를 기르는 티엔 신Thien Sinh 농장을 만납니다.

여기서 그치지 않고 2019년부터는 피자에 들어가는 채소를 가게에서 몸소 기르기로 합니다. 채소를 기르기 시작하자 모든 것이 맞춰지기 시작합니다. 어느 음식점이나 넘쳐나는 음식물 쓰레기로 골치가 아픈데, 피자 포피스에서는 음식물 찌꺼기를 한곳에 모아 지렁이에게 먹입니다. 그렇게 해서 만든 퇴비를 다시 채소를 가꾸는 데 씁니다. 음식 찌꺼기를 먹고 자란 지렁이는 가게 연못에 사는 물고기에게 먹이로 주고, 이를 먹고 나온 이 물고기 똥은 퇴비가 됩니다. 순환 농법, 아쿠아포닉스Aquaponics입니다. 그뿐만이 아닙니다. 토마토가 어떻게 자라는지 알지 못하고 흙을 만져볼 겨를이 없는 도시 아이들에게 싱그러운 채소와 흙을 가까이 할 수 있는 경험을 제공합니다.

날로 커지는 우리나라 푸드 마일리지가 적잖이 걱정입니다. 일본, 영국, 프랑스는 모두 푸드 마일리지가 줄고 있는데 우리나라만 거듭 늘어나고 있습니다. 우리나라는 2004년 처음 한·칠레 FTA를 맺은 뒤로 지금까지 58개 나라와 FTA를 발효했으며, 농식품 수입액은 2.4배나 늘었습니다. 축산물과 과일·채소류 수입액이 큰 폭으로 늘어, 2004년 146억 달러던 농식품 수입액은 2021년 419억 달러로 273억 달러가 늘었습니다. 우리 밥상이 수입 식품들로 둘러싸이고 있다는 얘기입니다.

우리나라에서도 슈퍼마켓을 비롯해 식당이나 학교, 병원, 공공기관 등에 채소밭을 들여놓아 사람들에게 갓 딴 채소나 나물로 설맞은 밥상을 차려준다면 어떨까요?

햄버거,
변신은 무죄

미국 사람들이 먹는 햄버거는 1초에 200개, 한 해 동안 500억 개나 된답니다. 한 줄로 이으면 지구를 32바퀴나 돌 수 있는 길이지요. 햄버거 패티 재료는 주로 소고기인데, 전 세계 햄버거 패티용 소고기 71%는 미국에서 쓴답니다. 문제는, 소를 키울 수 있는 들판이 늘어나는 햄버거 수요를 뒤따르지 못한다는 데 있어요. 햄버거 회사들은 넘쳐나는 수요를 충족시키기 위해 숨가쁘게 목장을 늘려가고 있습니다. 한 시간에 축구 경기장 일곱 개만 한 숲이 사라지고 있다네요. 햄버거 하나를 먹을 때마다 나무 한 그루를 베어 없애는 꼴이에요.

해마다 10억 남짓한 사람이 영양실조에 시달리며 4,000만이 넘는 사람이 굶어 죽는데, 대부분 아이입니다. 우리가 소고기 1인분과 우유 한 잔을 얻으려고 소에게 먹이는 곡식이 무려 22인분에 이른답니다. 전 세계에서 나오는 곡식 3분의 1이 가축 사료입니다. 한 해 동안 소에게 먹인 곡식으로 162억 명이나 되는 사람을 먹여 살릴 수 있습니다. 아울러 토마토와 통밀빵 450g을 만드는 데 드는 물은 각각 100L와 530L만 있으면 됩니다. 그런데 소고기 450g을 만들려면 9,000L나 되는 물이 든답니다.

엄청난 햄버거 수요에 맞추려고 소나 닭, 돼지를 움직일 수 없이 좁디좁은 곳에 가둬 기르며 억지로 살을 찌웁니다. 짧은 시간 안에 살찌우려고 사료를 많이 먹이다 보니 똥도 많이 눌 수밖에 없어요. 똥을 마구 강으로 흘려보내 물고기가 떼죽음을 당하기도 합니다. A4 용지보다 작은 곳에서 사는 닭은 질병을 견디지 못해 항생제와 화학약품 범벅입니다. 게다가 좁은 데서 길러지다 보니 면역력이 떨어져 구제역이니 조류 독감이니 해서, 해마다 수천만 마리에 이르는 소와 돼지, 닭과 오리를 산 채로 묻고 있습니다.

UN 인구통계학자들은 2050년 세계 인구가 95억 명에 이를 것이며, 이 많은 사람이 먹을 고기 소비량도 현재 두 배에 이르는 1,000억 마리에 이를 것으로 내다보고 있습니다. 미래학자들은, 이대로 두면 2075년이면 커다란 멸종기가 밀어닥칠 것이라고 경고합니다.

여러모로 괴로움 덩어리인 햄버거. 그런데 저도 모르게 손이 가곤 합니다. 길든 입맛을 억누르기가 쉽지 않은 탓이지요. 그러나 어쩔 수 없다고 손 놓고 있어야 할까요?

건강과 환경을 지키는 채식 버거

식물성 단백질로 만든 패티가 들어가는 채식 버거가 고기 패티 햄버거에 도전장을 내밀었습니다. 임파서블Impossible이라는 이름이 붙은 버거에는 고기가 아닌 식물성 패티가 들어갔습니다. 살짝 구우면 고기즙까지 흘러나오는, 고기를 쏙 빼닮은 식감이 이제까지 선보였던 식물성 고기와는 차원이 다르다고 합니다. 그래서 그랬을까요? 2020년 시장조사기관인 누머레이터 조사에 따르면, 여섯 달 동안 임파서블 푸드 판매량은 77배나 늘어, 미국 육고기 소비를 72%나 바꾸어놓았다고 합니다.

임파서블 푸드는 스탠퍼드대학교 분자생물학 교수 패트릭 브라운Patrick Brown이 2011년에 세운 식물성 고기 회사입니다. 가장 힘있게 미는 상품은 다섯 해 동안 갈고닦아서 내놓은 식물성 햄버거 패티입니다. 100% 식물성 버거를 만든 것이 뭐 그리 대수라고 호들갑을 떠느냐 할 수도 있습니다. 그러나 임파서블 푸드에서 만드는 식물성 고기는 한 가지 맛이 아니라 미디엄 또는 레어, 웰던처럼 여러 식감을 즐길 수 있어, 날마다 수요를 댈 수 없을 만큼 사랑을 받고 있습니다. 사람들이 끊임없이 임파서블 버거를 찾는 까닭은 무엇보다 고기즙까지 고스란히 살려낸 '맛' 덕분입니다. 브라운 교수는 소고기를 분자 단위로 분석해 연구하면서 동물 힘살에 많이 있는 단백질 성분인 '헴Heme'이 맛과 빛깔을 살린다는 것을 알아냈습니다. 꾸준한 연구 끝에 '콩 뿌리혹'에서 헴을 뽑아내 붉은빛이 도는 식물성 패티를 만들었습니다. 고기를 즐기는 이들도 거리낌 없이 손이 가는 맛과 질을 지닌 채식 버거를 내놓은 것입니다.

전 세계 채식 인구는, 폭넓은 채식까지 아우르면 2억여 명에 이릅니다. 그러나 세계 인구 80억에 견주면 아주 적습니다. 건강이나 종교, 환경이나 생명 윤리보다는 맛을 따르는 사람이 훨씬 많기 때문입니다. 임파서블 버거는 고기를 좋아하는 사람들에게 눈길을 돌렸습니다. 브라운 교수는 공장식 축산이 끼치는 폐해에서 벗어나는 길은 "고기를 먹지 않기"가 아니라 "환경을 망가뜨리고 자원을 바닥나게 하지 않는 고기 먹기"여야 한다고 외칩니다. 임파서블 푸드가 만든 식물성 패티는 소고기로 만든 패티보다 토양에 미치는 영향은 95% 낮고, 물을 74% 아낄 수 있으며, 온실가스도 87%나 적게 발생시킵니다.

그래도 시장 벽을 허물기에는 힘이 많이 달렸습니다. 대체 고기는 별난 사람들이나 찾거나 채식주의자에게 걸맞은 음식이라고 생각하는 사람이 많았으니까요. 그러나 임파서블 푸드가 바라는 고객은 채식주의자가 아니라, '육식을 즐기는 사람들'이었습니다.

2016년 임파서블 푸드는 콩, 밀, 감자, 아몬드처럼 오직 식물성 원료로만 만든 임파서블 버거를 내놓으며, 사람들이 대체육에 가지고 있는 편견을 무너뜨리기 시작했습니다. 야자기름으로 소기름 효과를 내며, 밀가루와 감자 전분을 섞어 구우면 겉이 바삭해지는 성질을 이용해 식감까지 고스란히 살려낸 덕분에, 임파서블 버거는 '식물로 만들었다고 믿기 어려운 경지'에 올랐다는 얘기까지 듣고 있습니다. '고기를 즐기는 이에게 걸맞은 채식 버거'라는 기치를 내걸고 쇠고기 패티 생김새와 식감, 냄새와 맛을 오롯이 살려내려고 애쓴 결과는 달았습니다.

임파서블 버거는 뉴욕, 샌프란시스코, 텍사스에 있는 유명 식당에서 팔았는데, 특히 유명 요리사인 데이비드 장David Chang(장석호)이 운영하는 모모푸쿠 니시에서 판다는 얘기가 사람들 입에 크게 오르내렸습니다. 데이비드 장은 그동안 공공연히 우리 식당에는 채식 메뉴가 없다고 말해왔기 때문인데요, 그런 사람이 경영하는 식당에서 대체육 제품을 선보였다는 것은 그야말로 파격이었습니다. 채식주의자들뿐만 아니라 육고기를 좋아하는 이들까지 흔들어놨습니다. 날마다 매진 행진을 이어갈 만큼 놀라웠습니다.

임파서블 푸드가 바라는 것은 바람몰이가 아니라 대체육이 널리 퍼지는 것이었습니다. 대중이 손사래 치지 않고 대체육에 다가설 수 있도록 하려고 패스트푸드 기업과 어깨동무한 것입니다. 임파서블 푸드는 2018년 화이트 캐슬 140개 점포에서, 2019년에는 버거킹, 쿠도바, 캐나다 맥도날드 일부 매장에서도 제품을 선보입니다. 2018년부터는 미국식품의약국 FDA에서 안전성 승인을 받아 월마트, 크로거, 트레이더 조, 타킷과 같은 미국 주요 식료품 유통사에서 팔리고 있습니다. 미국 사람들에게 햄버거란 해마다 500억 개나 팔리는 대중음식이라는 걸 떠올리면, 고개가 절로 끄덕여지는 선택이라는 것을 알 수 있습니다.

임파서블 푸드가 10년이 채 되지 않는 기간에 우뚝 설 수 있던 까닭은 어디에 있을까요? 자연을 지키고 동물을 괴롭히지 않겠다는 바탕에서, 맛도 놓치지 않겠다는 남다름으로 마음을 얻었기 때문입니다. 임파서블 푸드는 고기 맛을 즐기는 소비사를 겨냥하면서도 "자연을 지키는 식물성 고기, 재배와 과학 기술로 일으킨 미래 먹을거리"를 내세웁니다.

임파서블 푸드에서 만든 채식 버거.

임파서블 버거는 식물로 만들어 동물성 지방에 많은, 좋지 않은 콜레스테롤 LDL(저밀도 지단백)이 적습니다. 또 두부, 채소, 밀, 감자 전분, 코코넛 오일, 콩을 써서 만들었으니, 고기를 먹을 때 떠오르는 호르몬이나 항생제 걱정은 내려놓을 수 있습니다. 칼로리는 동물 햄버거와 크게 다르지 않습니다. 오히려 지방이 적고 단백질은 더 넉넉합니다.

미국에는 식물성 버거를 만드는 임파서블 푸드 말고도, 콩과 수수로 만든 달걀 저스트 에그Just Egg, 콩과 렌틸콩으로 만든 영양 음료 소이렌트Soylent, 콩으로 만든 소고기와 닭고기 비욘드 미트Beyond Meat, 인공화학첨가물을 넣지 않은 건강한 캔디 언리얼 브랜드Unreal Brands와 같은 대체 식품 기업들이 있습니다. 요즘에는 대체육에 이어 대체 우유를 만든다며 서두르고 있습니다. 흐름을 뒤집으려는 이 걸음걸이가 어디까지 이어질까요?

작은 가축 곤충 버거

색다른 버거가 또 있습니다. 스위스에서 큰 인기를 끌고 있는 곤충 버거입니다. 생김새는 여느 햄버거와 다를 바 없지만, 소고기나 닭고기 대신 밀웜, 메뚜기, 귀뚜라미 등의 곤충으로 패티를 만듭니다. 스위스 식용 곤충 푸드 전문 기업 에센토Essento가 세 해에 걸쳐 개발한 식품입니다. 고기 패티와 비슷한 맛을 내려고 당근, 셀러리, 파, 양파와 같은 채소를 다져 넣었습니다.

2017년 5월 스위스에서 밀웜, 메뚜기, 귀뚜라미를 음식 재료로 쓸 수 있도록 하면서, 곤충 패티는 스위스를 대표하는 슈퍼마켓 쿠퍼Cooper에서도 팔기 시작했습니다. 에센토는 곤충 패티뿐 아니라 간식으로 손쉽게 요리해 먹을 수 있는 곤충 볼, 곤충 에너지바 같은 여러 가지 곤충 식품을 내놓고 있습니다. 공동 창업자 크리스티안 베르쉬Christian Bärtsch는 말합니다.

"곤충은 단백질, 비타민, 지방, 미네랄이 높아 미래 식량난을 해결할 수 있을 뿐 아니라, 가축을 기르는 것보다 온실가스를 훨씬 적게 내뿜기 때문에 널리 퍼져나갈 수 있을 겁니다."

곤충은 작지만 거침없는 번식력에 영양소도 넉넉합니다. 단백질 함유량은 고기와 비슷하거나 더 높을 뿐 아니라, 불포화지방산 함유량도 높습니다. 탄수화물과 지방도 넉넉하며 무기질, 비타민, 식이섬유도 품고 있습니다. 곤충 기르기는 환경을 망가뜨리지 않을 뿐더러 많은 땅이 있어야 하는 것도 아닙니다. 탄소 배출에서 오는 지구 온난화도 확실히 줄일 수도 있습니다. 유엔식량농업기구가 곤충을 '작은 가축Little Cattle'이라 부르며, 앞날을 아우를 식량 자원으로 꼽은 까닭입니다.

에센토에서 만든 곤충 버거. | QR코드: 에센토 홈페이지.

세계 인구가 거듭 늘어나고 기상 이변으로 농토가 줄어들고 있어, 해를 거듭할수록 세계는 식량을 무기로 삼을 수밖에 없을 것입니다. 더구나 1인 가구가 30%에 이르러 간편식을 더 찾을 수밖에 없는 이때, '탈바꿈하는 햄버거'는 선택이 아니라 필수 아닐까요?

늙음과 더불어

2017년 생산할 수 있는 젊은이와 그렇지 못한 늙은이가 자리 바꿈했습니다. 아울러 2022년 기준 예순다섯 살이 넘는 어르신들이 열네 살 아래 어린이보다 243만 명이나 많아졌습니다. 고령화, 이미 알고 있는 일인데도 사회가 늙음 맞이에 서툴기 그지없습니다. 어르신들 바람은 '누구에게 기대지 않고 내 살아온 곳과 가정에서 내가 하고 싶은 일을 하며 튼튼하게 마음 편히 살다 가는 것'입니다. 이는 언젠가는 늙음을 맞이할 수밖에 없는 젊은이들이 바라는 것이기도 할 것입니다. 어떻게 해야 할까요?

35년 전 남편을 잃은 뒤 넓은 집을 혼자 지키고 있는 사다 후미코 할머니는 아흔 번째 생일을 맞으면서 운전면허증을 반납했습니다. 나들이 나설 때는 괜찮은데 피곤해져서 집으로 돌아올 땐 시야가 겹쳐 보이기 때문입니다. '이러다가 애꿎은 사람들 가슴에 못질할 수도 있겠다' 싶었던 할머니는 아예 운전대를 놓기로 한 것입니다.

어르신들이 어쩔 수 없이 운전해야 하는 까닭은, 대형 마트가 늘어나면서 마을에 있던 작은 슈퍼마켓이 문을 닫아 물건을 사러 멀리 가지 않으면 안 되기 때문이기도 합니다. 일본에서는 대중교통을 타고 장을 보러 다니는 어르신을 '생필품 난민'이라고 부릅니다. 후미코 할머니는 생필품 난민이 됐을까요? 아닙니다. 스스로 면허를 내놓은 어르신들에겐 마트에서 장 본 물건을 무료로 배달해주고 버스도 거저 타도록 하기 때문입니다.

고령화 대책에 골머리를 앓는 일본 정부가 가장 신경 쓰는 일 가운데 하나가 바로 운전면허 자진반납제도입니다. 현마다 조금씩 다르지만, 면허를 내놓은 어르신에게 주어지는 남다른 혜택으로 반납 행렬을 이끌고 있습니다. 야마구치현에서는 '운전면허 졸업증' 제도라고 하며, 대형 마트나 병원과 손잡고 운전을 졸업한 어르신들을 모실 무료 셔틀 버스를 운영하기도 하고, 마을에서 운영하는 무료 버스도 늘려가고 있습니다. 또한 쇼핑센터에서 일정 금액 이상 사면 각종 사은품도 챙겨주고, 택시비는 물론 휠체어 구입비, 야구장 관람료와 점집에 내는 복채조차 깎아주며, 영정사진과 장례비용을 할인해주는 서비스도 나왔습니다.

또한 어르신이 모는 차에는 네 잎 클로버 마크를 붙이도록 하고 있습니다. 네 잎 클로버 마크를 붙인 차량 둘레를 지나는 운전자들은 남달리 신경을 써야 할 의무가 있습니다. 만약 갑자기 끼어들거나 위협 운전을 하면 초보 운전자 보호에 게을리했을 때처럼 처벌을 받습니다. 그 밖에 나이 든 보행자 안전

고령 운전자가 붙이는 네 잎 클로버 스티커.

까지 아우른 '배리어 프리Barrier Free'라는 대책을 내놨습니다. 배리어 프리는 역·공공시설·복지시설·병원 둘레길을 고르고 가지런히 그리고 폭넓게 만들고, 음향 신호등과 같은 안전시설 장비를 세우며, 전선 따위를 땅에 묻어 어르신과 장애인을 안전하게 보듬으려는 복지 정책입니다.

2019년부터 우리나라도 만 70세가 넘는 고령 운전자를 대상으로 운전면허증 자진 반납제도를 실시하고 있습니다. 고령 운전자가 스스로 운전면허증을 반납하면, 10~50만원에 이르는 지원금을 받습니다. 금액이나 지급방법에는 지자체별로 다를 수 있으니 잘 알아봐야 합니다. 또한 고령 운전자에게는 실버 마크 스티커를 나눠 주어 붙이도록 하고 있습니다.

— 홀로살이 도우미

고령화가 거듭될수록 홀로 사는 어르신들이 늘어나다 보니 뜻하지 않게 집에서 돌아간 지 한참이 지나서야 아는 일이 적지 않습니다. 부모님이 멀리 사신다면, 자식들은 걱정하지 않을 수 없습니다. 고맙게도 이 걱정을 덜어주려는 회사들이 있습니다.

에버마인드Evermind는 전자 제품 쓰기를 모니터링하는 시스템을 만드는 회사입니다. 전기용품을 콘센트에 꽂으면 인터넷 없이 자체 내장된 통신칩으로 전기용품을 쓰고 있는지 아닌지를 식구들에게 알려주는 시스템이지요. 이를테면 부모님이 아침에 일어나 커피 마시려고 물을 끓이는지, 저녁에 TV를 보고 있는지, 잠을 자려고 침실 전등을 켰는지 따위를 자식들 스마트폰으로 바로 알려줍니다. 전자 제품을 오래도록 쓰지 않을 때도 메시지를 보내, 멀리 떨어져 있어도 부모님 안부를 알 수 있습니다.

ICT 기술은 어르신 활동 모니터링에 그치지 않습니다. 어르신이 마을에 사는 한 사람으로서 스스로 삶을 꾸릴 수 있도록 슈퍼마켓에서 대신 물건을 사다 주는 인스타카트Instacart가 있습니다. 우리나라 배달 서비스와 닮아 보이지만, 평소에 익숙한 마을 슈퍼마켓에서 손님이 바라는 물품을 사다 준다는 점이 다릅니다. 사용자가 모바일 앱으로 둘레에 있는 슈퍼마켓에 있는 식료품을 온라인으로 주문하면, 배달원이 직접 상품을 골라 집으로 가져다줍니다. 단순한 배달이 아니라 손님 눈높이에 맞춰 사다 주는 것이 특징입니다. 사용자는 인스타카트 앱에 나와 있는 가게 가운데 마음에 드는 상품이 있는 곳에서 물건을 가져다 달라고 할 수 있습니다. 당일 배송은 물론, 두 시간 안에 보내줍니다. 서비스 이용료는 물건 값에 10%만 얹어 치르면 되니 큰돈 들이지 않고 누릴 수 있는 따뜻한 서비스입니다. 물건 값은 지역 슈퍼마켓 가격과 같으며, 때에 따라 인스타카트 전용 할인 쿠폰도 줍니다. 어르신뿐만 아니라 부모님과 떨어져 사는 자녀들도 부모님에게 컴퓨터나 스마트폰으로 제품을 사드릴 수도 있습니다.

샌프란시스코에 본부를 두고 있는 인스타카트는 코로나로 식료품 배달 수요가 가파르게 늘어나면서, 2020년 전년 대비 주문량이 500%나 늘었습니다. 이 수요에 맞춰 구매대행자 수를 20만 명에서 50만 명 남짓 늘렸습니다. 인스타카트는 미국과 캐나다에서 4만 개 매장, 500개가 넘는 소매점과 협력하고 있습니다.

인스타카트 홈페이지.

나무를 살리는 데 아름드리 나무줄기보다 더 많은 힘을 쏟는 것은 여리고 가늘기 그지없는 작은 잎사귀와 실뿌리입니다. 고령화 사회, 도망갈 수 없는 현실이 되고 말았습니다. 우리는 '하나는 아니지만 떼어놓을 수 없는 사이'입니다. 무심히 바라보지 않고 열린 마음으로 살피어, 열려 있는open source 여러 기술을 섞어 버무리면 어울려 살림을 빚을 수 있습니다.

디지털 약국과 스마트 약병

2017년 5월, 65세가 넘은 고령 인구 비율이 14%가 되면서 우리나라도 고령화 사회가 되었습니다. 고령 인구 비율이 7%에서 14%까지 프랑스는 115년, 이탈리아는 61년, 미국은 73년, 가장 가팔랐다는 일본도 24년이 걸렸는데, 한국은 18년밖에 걸리지 않았습니다. 2026년이면 초고령 사회(20%)가 열립니다.

2022년 한국보건사회연구원의 조사에 따르면, 조사 대상 노인 84.0%가 당뇨, 고혈압을 비롯해 한 가지가 넘는 만성 질환이 있으며, 이 가운데 27.8%는 만성 질환이 세 가지가 넘는 복합 질환자였습니다. 아플 때 없어서는 안 되는 것이 무엇일까요? 병원과 의사 그리고 약입니다. '멀리 있는 물로는 가까이 있는 불을 끌 수 없다'란 말이 있듯이, 마을에 없어서는 안 될 곳이 동네 의원과 약국입니다. 그런데 동네 의원과 약국이 사라지고 있습니다.

2022년 대한중소병원협회에 따르면, 2021년 6월 새롭게 문을 연 동네 의원이 45개, 문을 닫은 동네 의원이 150개로, 개업률 대비 폐업률이 333.3%에 달합니다. 병원 의존도가 높은 약국은 동네 병원 폐업률이 높을수록 위태로울 수밖에 없습니다.

서울은 그나마 낫습니다. 작은 도시를 비롯한 읍·면 단위 마을이나 두메산골은 정말 심각합니다. 어떻게 해야 할까요?

약을 정기 구독하세요

만성 질환을 끼고 사는 분이나 급성 질환에서 벗어나려고 약을 먹는 분이나 모두 약 먹기에 어려움이 적지 않습니다. 날마다 약을 챙겨 먹은 지가 오래된 분일수록 더욱 그렇지요. 약을 제때 챙겨 먹는 것도 일이지만, 약이 다 떨어졌을 때는 다시 병원에 찾아가 처방전을 받아야 하는 수고를 해야 하기 때문입니다. 환자가 병원이나 약국에 가지 않아도 날짜와 시간에 맞춰 약을 배송해주는 데가 있다면 참 좋겠지요? 그런 약국이

진짜로 있습니다. 약을 하얀색 종이 상자에 담아 때맞춰 집으로 배달해주는 온라인 약국 필팩PillPack입니다.

창업자 T. J. 파커Parker는 어릴 때 아버지가 운영하는 약국에서 마을 사람들에게 약을 배달한 경험에서 착안하여 이 사업을 시작했습니다. 미국인 47.5%가 한 가지가 넘는 처방 약을 먹는다는 데 초점을 둔 사업입니다.

필팩 이용법은 간단합니다. 홈페이지에서 회원가입을 하고, 평소 다니는 약국 정보를 넣으면 필팩 담당자가 그 약국에서 처방전과 처방약을 받아 부쳐줍니다. 병원에서 처방전을 다시 받아야 한다면, 필팩에서 환자가 다니는 병원에 알려 처방전까지도 받아줍니다. 번번이 의사에게 처방을 받고 약국에 처방전을 가져가 약을 받는 우리나라와 달리, 미국에는 리필 처방전 제도가 있기 때문에 가능한 일입니다. 또한 처방전이 없어도 되는 영양제를 비롯한 건강기능식품도 제때에 배송받을 수 있습니다. 필팩은 미국 50개 주에 온라인으로 의약품을 유통할 수 있는 허가를 받았고, 주요 도시 곳곳에 오프라인 약국까지 세워 더욱 빠르고 정확한 유통망까지 갖추었습니다.

필팩 패키지는 되살려 쓸 수 있는 플라스틱과 종이로 된 환경 친화 소재를 씁니다. 약봉지 겉면에는 먹어야 할 날짜, 요일과 시간, 약 이름까지 낱낱이 적바림해 한 번 먹을 분량으로 묶어 보내줍니다.

필팩 소개 영상. | QR코드: 필팩 홈페이지.

2018년 미국 최대 전자상거래 업체 아마존이 이 필팩을 사들여 필팩 바이 아마존 파머시PillPack by Amazon Pharmacy란 새로운 이름으로 서비스를 시작했습니다. 아마존은 지난해 4월 하순 아마존 프라임 회원들에게 처방의약품 배달 서비스를 시작한다는 이메일을 보냈습니다. 프라임 회원은 당일 배송 서비스와 추가 할인을 받으려고 아마존에 다달이 회비를 내는 회원입니다. 회원이 자주 가는 약국 정보를 필팩 홈페이지에 입력하면, 필팩은 약국에서 회원 처방전을 받아 다달이 포장된 의약품을 택배로 환자에게 보냅니다. 이 서비스를 쓰는 사람은 돈을 내지 않습니다. 필팩은 회원이 가입한 의료보험회사에게 돈을 받습니다.

국내에서도 약 배달 서비스가 있을까요? 현재 약사법으로는 의약품 온라인 유통을 할 수 없지만, 코로나19 유행으로 비대면 진료와 약 배송을 임시로 허용하고 있습니다. '닥터나우'와 같은 서비스가 그 몫을 해내고 있지요.

닥터나우 홈페이지.

약 먹는 버릇 길러주는 스마트 약병

날마다 약을 먹지 않으면 안 되는 사람들이 때맞춰 약을 꼬박꼬박 챙겨 먹기란 결코 쉬운 일이 아닙니다. 더구나 여러 가지 약을 한꺼번에 챙겨 먹어야 한다면 더 복잡해지지요. 그런데 여기 제때에 약을 먹도록 알려주는 '약병'이 있습니다. 스마트 약병 필시Pillsy입니다. 스마트폰과 연결하는 블루투스 장치와 열리고 닫히는 센서, 그리고 한 번 충전하면 열두 달이나 이어지는 배터리로 이루어져 있습니다.

필시는 약병이 열리고 닫힐 때마다 환자가 약을 먹었다고 여깁니다. 이 정보는 센서를 거쳐 애플리케이션으로 보내집니다. 제때 약병이 열리고 닫히지 않으면 필시는 스마트폰에 알

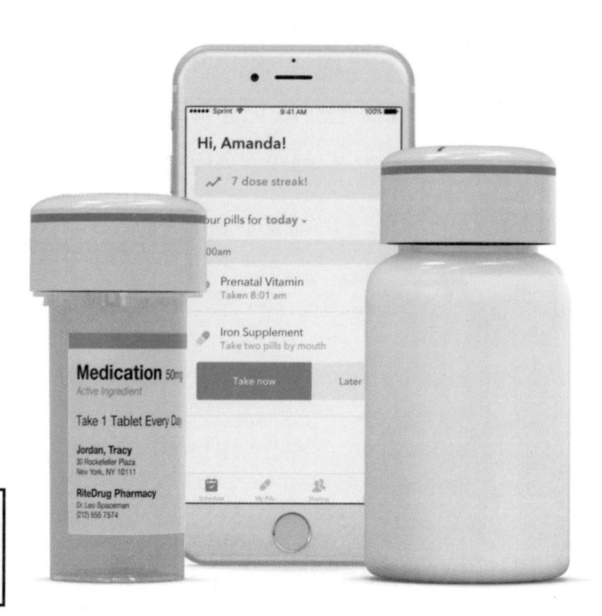

필시 스마트 약병과 스마트 비타민 병. | QR코드: 필시 홈페이지.

림을 보내고, 그래도 약병에 변화가 없으면 전화까지 걸어 알려줍니다. 약병이 짧은 시간 안에 두 번 넘게 열리고 닫혀도 알려줍니다. 깜빡하고 거듭 약을 먹는 일도 막아주는 거지요.

아무리 약이 좋더라도 환자가 먹지 않으면 쓸모없습니다. 그래서 스마트폰과 24시간 붙어 있지 않은 환자를 생각해서 식구 공유 기능도 있습니다. 식구들이 환자 대신 때때로 약을 먹었는지 지켜보거나 주간 보고서도 받을 수 있습니다.

필시 채팅 봇은 환자가 약을 먹는 패턴을 분석해 약 먹기를 건너뛸 때마다 까닭을 묻습니다. 환자는 이 까닭을 떠올리면서 약 먹는 버릇이 몸에 배도록 힘씁니다. 되풀이하며 약 먹는 데 길들이도록 아우르는 것입니다.

거창한 사물지능이 우리 삶에 꼭 필요한지는 잘 모르겠습니다. 그러나 약을 배달해주는 디지털 시스템이나 스마트 약병 같은 자잘한 사물지능이라면 고령 인구가 늘어가는 우리 사회에 적잖이 보탬이 되지 않을까요? 문제는 성공할 때까지 버틸 수 있느냐 하는 것인데, 정부가 국민 복지 차원에서 발 벗고 나서면 그리 어려운 일도 아닐 것입니다. 몸을 가누기 어려워 의료 난민이 되어가는 우리나라 어르신을 아우르는 뜻에서 한 걸음 내디디기를 빕니다.

도서관이 내 가까이

한때 지하철역 입구에는《포커스》나《메트로》같은 무가지가 쌓여 있고, 열차 안에는 책이나 종이신문을 읽는 사람들로 가득했습니다. 이젠 무가지가 사라진 지 오래고, 독서량은 스마트폰 판매량과 반비례합니다. 스마트폰 충전은 어디서나 할 수 있지만, 마음을 충전하는 책은 점점 설 자리를 잃고 있습니다. 물론 전자책이 있지 않냐고 되물을 수도 있습니다. 그렇지만 많은 연구 결과에서 밝혀졌듯이, 풍요로운 멀티미디어 환경이 도리어 주의를 산만하게 하고 글에 담긴 뜻을 깊이 있게 이해하는 것을 방해합니다. 여전히 우리에게 종이책이 필요한 까닭입니다.

영상 시대를 사는 우리에게 도서관은 무엇일까요? 저는 우리 안에 숨어 있는 '됨성'을 건드려 깨어나게 하는 곳, 그리하여 가슴 뛰게 하는 곳이라 여깁니다. 지식은 책을 펼쳐 뜻을 찾아 새기는 데서 옵니다. 머리에 새긴 지식에 따라 가슴으로 더불어 살아갈 때 비로소 슬기로움이 움트지요. 사람과 사람 사이에 슬기로움이 들어서 무르익어가도록 이어주고 북돋우는 곳이 바로 도서관이 아닐까요?

지하철 도서관

스마트폰에 맞서지 않고 스마트폰 앱에 올라탄 '지하철 도서관'이 있습니다. 미국 뉴욕 공공도서관에서 인기 있는 책을 살피고 읽을 수 있는 지하철 도서관 '언더그라운드 라이브러리 Underground Library'에서는 앱으로 시민에게 책 표지를 보여줍니다. 읽고 싶은 책에 스마트폰을 가져다 대면 10여 쪽을 볼 수 있습니다. 마음에 드는 책을 고르면 책이 있는 가장 가까운 도서관을 알려줍니다. 뉴욕에 있는 공공도서관들과 이어져 있기 때문입니다. 근거리 무선 통신NFC과 스마트폰 기술이 오프라인 도서관을 언제 어디서나 그리고 누구나 빠르게 이용할 수 있도록 일궈냈습니다. 스마트폰 기술이 발달하면서 많은 사람이 책에서 자꾸 멀어지는 요즘, 거꾸로 모바일 앱 기

 술이 사람들을 책에 더 가까이 다가설 수 있도록 했습니다.

언더그라운드 라이브러리 홈페이지.

세상에서 가장 자유로운 도서관

종이책이 설 땅이 점점 좁아지다 보니 출판사들이 종이책과 전자책을 함께 펴내고 있고, 전자책만을 빌려주는 디지털 도서관도 나타났습니다. 그러나 디지털 책 콘텐츠가 아무리 빼어나더라도, 손가락으로 책장을 사락사락 넘겨 보며 누리는 종이책 맛까지 대신할 수는 없습니다. 종이책은 앞으로도 오래도록 우리를 아우르며 지식과 슬기를 나눠 줄 것입니다.

종이책을 즐겨 보는 이들에게 반가운 소식이 있습니다. 뉴욕 맨해튼 놀리타에 아주 작고 남다른 구조물이 세워져 있는데요, 노란색 플라스틱과 나무로 만들어진 아주 작은 도서관 리틀 프리 라이브러리Little Free Library입니다.

디자인 회사 스테레오탱크Stereotank가 설계한 리틀 프리 라이브러리는 비가 오거나 누군가를 잠시 기다리는 시간에 멋

리틀 프리 라이브러리. | QR코드: 리틀 프리 라이브러리 홈페이지.

진 쉼터가 되어줍니다. 사람들이 관심을 가질 만한 책 수십 권이 꽂혀 있고, 누구라도 읽을 수 있습니다. 잠깐이지만 길에서 시간을 버리지 않고 책을 읽을 수 있도록 해주는 마음새가 남다릅니다. 세계 곳곳에 작은 도서관들이 속속 세워지고 있어 책 사랑에 빠진 이들의 가슴을 따사롭게 합니다.

집 앞 작은 도서관

누구나 마음만 먹으면 우체통과 비슷하게 생긴 작은 도서관을 만들어 관장 노릇을 할 수 있습니다. 내 집 앞에 작은 도서관을 세우고 책을 놓아두기만 하면 되니까요. 미국 위스콘신주 허드슨시에 사는 토드 볼Todd Bol이 처음 만들었습니다. 살아 계실 때 책 읽기를 무척이나 즐기던 어머니를 기리는 마음에서 이웃들에게 책을 거저 빌려주고 싶었던 토드 볼은, 2009년 초 우편함만 한 학교 건물 모형을 만들고 책을 채워 넣어 집 마당 앞에 세웁니다. 이 조그만 책 상자를 보려고 이웃 사람들이 구름처럼 모여들었습니다. 몇몇이 이 도서관에 탐을 냅니다. 토드 볼은 이 책 상자를 내친김에 몇 개 더 만들어 이웃과 나눕니다. 이렇게 열린 작은 도서관Little Free Library 운동은 2022년 10월 현재 세계 115여 개 나라에 약 15만 개

열린 작은 도서관. | QR코드: 열린 작은 도서관 홈페이지.

가까이 들어섰으며, 꾸준히 하루에 10개에서 20개씩 지구촌 곳곳에 들어서고 있습니다. 작은 도서관 본부에 따르면, 도서관 한 곳에 찾아오는 사람은 하루 평균 네 사람, 한 달에 빌려 보는 책은 25권이나 된다고 말합니다. 어림해보면 사람들은 지난 한 해에만 4,500만 권에 이르는 책을 빌려 본 셈입니다.

꼬마평화도서관

우리나라에도 아주 자그마한 도서관이 있습니다. 2014년 12월 평화로운 책이 가지런한 꼬마평화도서관이 발을 내디뎠습니다. 꼬마평화도서관이라니, 우리 아이들에게 평화를 알려주는 도서관이란 말일까요? 아닙니다. 다른 책보다 그림책이 많기는 해도 아이만을 아우르는 도서관은 아니에요. 서른 권 남짓한 책만으로도 문을 열 수 있어서 작다기보다는 조그맣다고 해야 어울리기 때문에 '꼬마'라고 했습니다.

가까운 이웃이 너나들이 가지고 있는 평화 책을 내놓아 이룬 꼬마평화도서관은 나와 다른 너와 품을 나누며 어울려 살려는 사람이면 누구라도 열 수 있습니다. 여럿이 보던 책을 내놓아 빚는 까닭은 생김새가 다르고 결이 다른 이들이 어울리는 사이에 평화가 깃든다고 보기 때문입니다.

2014년 12월 9일 문을 연 첫 번째 꼬마평화도서관은 파주 보리출판사 1층 '보리와 철새 북카페'에 둥지를 틀었습니다. 1층과 지하 공연장 두 군데에 책꽂이가 있는데, 1층에는 커다란 오각 틀 안에 책꽂이와 걸상을 들여놓아 아이들이 올망졸망 들어앉아 책을 보며 놀 수 있습니다. 지하에는 쓸모를 잃은 것으로 만들자는 뜻에 따라 버려진 서랍과 문갑으로 책꽂이를 만들었는데, 포장마차처럼 바퀴가 달려 움직일 수 있습니다. 지하 도서관에는 책꽂이가 하나 더 있는데, 앉은자리에서 책꽂이를 빙글빙글 돌려가며 책을 골라 읽을 수 있도록 솜씨 좋게 빚은 책꽂이입니다. 같은 해 12월 14일, 채식 밥집 '마지'에서 두 번째 꼬마평화도서관이 문을 열었습니다.

보리출판사에 있는 첫 번째 꼬마평화도서관.

이 걸음이 느릿느릿 이어져 여덟 해 동안 마흔아홉 곳에 문을 열었습니다. 전쟁이 할퀴고 간 자리인 노근리와 평화를 찾아 싸운 기록물이 오롯한 5·18민주화운동기록관을 비롯하여 교회, 성당, 절, 반찬가게, 향수 공방, 북카페, 밥집, 게스트하우스, 카센터, 자동차정비소, 유치원 어귀, 초등학교와 중학교 복도, 다세대주택 현관, 도예실, 그리고 주민자치회에도 들어섰습니다.

꼬마평화도서관에서는 어떤 일을 할까요? 마을 사람들이 이곳에 들러 평화 책을 읽거나 빌려 보는 것은 말할 것도 없고, 적어도 한 달에 한 차례 사람들이 모여 평화 그림책을 목소리로 풀어내는 연주회를 엽니다. 옹기종기 모여서 그림책을 소리 내어 읽고 나서 느낌을 나누다 보면, 한 사람 한 사람 가슴속에서 평화로움이 번져갑니다. 나아가 평화 음악 같이 듣기와 평화 영화 함께 보기, 평화 이야기 멍석을 깔고 평화살림놀이한마당을 일굽니다.

윤구병 선생은, 사람은 홀로 살아갈 만큼 힘이 세지 못해 더불어 살아가려고 말을 하게 되었다고 했습니다. 그 바탕에서 꼬마평화도서관 사람들은 평화를 '어울려 살림살이'라 받아들이며, "백두에 사는 아이도 한라에 사는 아이도 우리나라 사람이다. 나는 우리나라 사람이다. 우리나라 사람은 한데 어울려 어깨동무하고 강강술래하며 살아야 한다"란 말머리를 듭니다.

꼬마평화도서관은 버려진 냉장고를 비롯해 쓸모를 잃은 것들이 도서관 책꽂이로 탈바꿈하기를 바랍니다. 평화 책을 오가는 사람들이 빌려다 보고, 내키는 사람들은 평화 책을 가져다 놓으며, 시민 스스로 일구는 평화로움을 꿈꿉니다. 꼬마평화도서관이 열리고 또 열려 백두에서 한라까지 빼곡히 들어서다 보면 한반도가 평화로워지겠지요?

남다른 도서관을 둘러봤습니다. 이제 여러분에게 도서관은 어떻게 다가오나요? 도서관은 저마다 품고 온 물음을 풀고, 새로운 물음을 주며, 풀린 궁금증에 따라 삶을 바꾸고, 물음을 몸에 새기며 살도록 힘을 주는 곳이 아닐까요?

탈을 바꿔 쓴 교도소

인터넷 기사를 살펴보는데 "교도소에 노래방이 웬 말?"이라는 기사가 눈에 들어왔습니다. 뭔가 싶어 얼른 열어봤더니, 수감된 사람들이 스트레스를 풀 수 있도록 전주 교도소에서 노래방과 게임기를 놓아 만든 '심신 치유실'을 없애달라는 국민 청원이 올라왔다는 기사더군요. 남에게 피해를 주거나 법을 어긴 사람들은 핍박받고 억압받아야 마땅하니, 교도소는 다시 돌아가고 싶지 않도록 혹독하고 처절한 곳이어야 한다고 청원했다고 합니다. 아울러 그런 데 들일 돈이 있다면 범죄로 피해를 본 이들을 보듬든지 어려운 이웃에게 써야 한다고도 했답니다.

이 기사를 보면서, 남다르게 수감자들을 보듬고 있는 다

 른 나라 교도소 이야기를 들려드리고 싶다는 생각이 들었습니다.

춤추는 교도소

영화 〈쇼생크 탈출〉을 보셨나요? 교도소 안으로 아리아 〈피가로의 결혼〉이 재소자들 몸을 감돌아 흐를 때, 말로 표현 못할 전율을 같이 느꼈습니다. 그런데 필리핀 세부 교도소에서는 이에 버금가는 감동이 날마다 일어나고 있습니다. 가시철망이 둘러싸인 담장 안에서 흥겨운 음악에 맞춰 환한 주황빛 옷을 입은 재소자들이 다 같이 몸을 흔듭니다. 얼굴이 땀범벅이 되어도 마냥 즐거워합니다. 어떻게 된 일일까요? 폭력으로 얼룩진 이곳에 부임한, 전과자 출신 보안 담당 고문 바이런 가르시아Byron Garcia가 빚은 기적입니다.

> "어느 날 재소자 일과를 살피고 있는데 경비원 한 사람이 다가오더니, 재소자들 사이에서 싸움이 일어날 것 같다고 하더군요. 그때 제가 무슨 생각으로 그랬는지 모르겠는데, 재소자들이 들을 수 있도록 음악을 틀라고 했습니다. 그때 나온 음악이 영국 록밴드 퀸 노래였어요. 음악이 나오니까 재소자들

이 하나둘 어깨를 들썩거리더니 모두 따라서 춤을 추더군요. 아, 이거다 싶었죠."

과부 사정은 홀아비가 안다고, 수감 생활을 겪은 가르시아는 재소자 운동 시간을 춤 배우는 시간으로 바꿉니다. 재소자들이 춤에 재미를 붙이자 이 모습을 담은 동영상을 유튜브에 올립니다. 재소자들이 마이클 잭슨이 부른 〈스릴러〉에 맞춰 춤 추는 동영상에 반응이 터져 나옵니다. 나날이 올라가는 인기에 따라 재소자 자존감도 높아집니다. 이후 출소자 재범률이 눈에 띄게 떨어졌답니다.

유튜브로 보는 것만으로는 아쉽다고 여긴 세부 공무원이 "교도소에 가서 보도록 하면 어떨까?" 하고 생각합니다. 그렇

넷플릭스 〈행복한 교도소〉의 한 장면. | QR코드: 〈행복한 교도소〉 공식 예고 영상.

게 '춤추는 교도소'는 세부를 대표하는 남다른 관광 상품으로 거듭납니다. 뮤지컬로도 만들어졌는데, 2012년 뉴욕 뮤직페스티벌 기간에 막이 올랐습니다. 넷플릭스에서 〈행복한 교도소〉를 찾아보면, 춤을 추면서 바뀌어가는 수감자들 모습을 볼 수 있습니다.

어울려 살림 교도소

필리핀에 춤추는 교도소가 있다면, 말레이시아에서는 경범죄자 교도소로 탈을 바꿔 쓴 군부대가 있습니다. '죄를 지은 사람은 반드시 교도소에 가둬야만 할까?' 하는 생각에서 시작했답니다. 다른 길을 찾다가 '돈 많이 들고 높은 보안 시설을 갖춰야 하는 교도소를 거듭 지어야 할까?' 하며 놀고 있는 군부대를 떠올렸던 것이지요. 군부대였던 곳이니 마땅히 보안은 나무랄 데가 없었습니다. 이렇게 경범죄자만 품는 '어울려 살림 프로그램'이 태어납니다.

그동안 교도 행정이 오직 '가두고 지키는 데' 초점을 뒀다면, 이곳에선 떨어져 있는 식구들과 끈끈한 사이를 이어가도록 하는 데 눈길을 돌렸습니다. 교도소에서는 흔히 유리창을 사이에 두고 면회합니다만, 이곳에선 서로 숨결을 느끼며 이야기를 나누고 껴안을 수도 있습니다. 어디 그뿐인가요? 면회하러 먼 길 나들이한 식구들이 밤길에 돌아가지 않고 자고 갈 수 있도록 잠자리도 마련했습니다. 여기까지만 해도 좋았을 겁니다. 그런데 한 걸음 더 나아가, 수감자들에게 '일자리'를 넘어 '일거리'를 갖도록 합니다. 가장 눈에 띄는 건 '밑천 마련 사업'입니다. 농업부와 고등교육부 관리들이 와서 물고기와 농작물 기르는 법을 알려주고, 수감자들이 스스로 기른 농수산물을 팔아 돈을 벌도록 합니다. 수감자들은 이 돈을 차곡차곡 모아 살림 밑천으로 삼습니다. 교도소에서 배운 기술과 모은 돈이 형기를 마치고 가정으로 돌아가 살아가는 데 든든한 주춧돌이 된다는 얘기지요. 돈이 모자라다 싶으면 '여성식구공동체 개발부'에서 대출받을 수 있도록 지원도 해줍니다.

대부분 정부는 수감자가 늘어나는 문제를 더 많은 교도소를 짓고 경범죄자와 중범죄자를 같이 수용하는 방식으로 풉니다. 그런데 말레이시아는 노는 군부대에 경범죄자를 품어 교도소를 짓는 데 드는 돈을 85%, 운영비도 58%나 줄일 수 있었습니다. 더구나 경범죄자와 중범죄자를 함께 품으면 교도소에 와서 범죄를 배워나갈 확률도 그만큼 높아지는데, '어울려 살림 프로그램'으로 경범죄자 재범률을 90% 가까이 떨어뜨릴 수 있었습니다.

교도소는 대개 외딴곳에 있습니다. 그런데 코스타리카 카르타고에는 교도소가 마을 안에 있습니다. 더구나 교도소 하면 떠오르는 높다란 담장 대신, 안이 훤히 들여다보이는 철망으로 둘러싸여 있습니다. 파랗고 빨간 지붕이 덮인 교도소 마당에는 알록달록한 빨래가 널려 있습니다. 재소자들이 죄수복이 아니라 일상복을 입고 있기 때문입니다. 코스타리카 정부는 새로운 교도소 본보기를 만들어보고자 2000년 이 코코리 교도소를 지었습니다. 길섶에는 잘 가꾸어진 꽃밭들이 늘어서 있습니다. 공들인 유리공예로 아기 그리스도와 성모상 장식물을 만들어놓은 것도 보입니다. 모두 수감자들이 빚은 솜씨랍니다.

수감 시설 옆 방갈로 같은 집들은 재소자들이 연인이나 배우자와 사랑을 나누는 '사랑방'입니다. 모든 재소자는 이곳에서 보름에 한 번 면회 온 식구들과 네 시간 동안 알콩달콩 사랑을 나눌 수 있습니다. 방에는 침대와 텔레비전, 전자레인지와 화장실도 있습니다. 2011년 헌법재판소 결정에 따라 동성애자 수감자도 이곳에서 사랑을 나눌 수 있답니다. 죄를 지었더라도 사람이 누려야 하는 기본 권리는 지켜줘야 한다는 얘기입니다. 또한 공중전화가 있어 바깥 사람들과 얼마든지 통화할 수 있습니다.

교도관들이 가장 중요하게 생각하는 것은 수감자를 사람으로 맞이하는 것이라고 합니다. 수감자로 하여금 새 삶을 살 수 있다는 믿음을 갖도록 하는 것이 가장 종요롭다는 것이지요. 교도소가 마을 안에 있는 것도, 담장을 없앤 것도 다 '그대들이 살아가야 할 세상이 바로 저기에 있어' 하고 보여주려는 데 있습니다.

공예 교실에서 나무 인형을 깎고 있는 수감자들 손에는 칼과 톱, 망치가 들려 있습니다. 한때 흉기를 들었던 손은 어느새 예술에 어울리도록 결을 달리하고 있습니다. 이 교도소에는 경범죄를 저지른 사람이나 초범자만이 아니라 중형을 선고받은 사람들도 적지 않습니다. 중범죄자들은 처음에는 사방이 막힌 수감동에 갇히지만, 형기를 성실하게 채운 이들은 트인 곳으로 옮겨 옵니다. 교도소 품이 넉넉해서일까요? 재범률이 20%밖에 되지 않는답니다.

보던 곳만 바라보고 이제껏 해오던 대로만 해서는 새길을 열기 어렵지 않을까요?

어울려주셔서 고맙습니다. 책을 덮으며 무슨 생각이 드세요? 대수롭지 않게 여기던 일, 마땅하다고 생각했던 일에 '물음표를 던져볼까?' 하는 생각이 드셨으면 좋겠어요.

"안보·안전을 보장하겠다며 전쟁을 벌이다니, 말이 돼?"
"거듭 성장하겠다고만 하는데, 탈 나지 않을까?"
"마이너스 성장이라니, 쓸 수 있는 말이야?"
"여성 임금이 남성보다 30%나 적다는데, 그래도 돼?"
새로운 삶으로 가는 첫걸음, 묻는 데서 비롯합니다.

〈'런닝맨' 비상구등, 왼쪽으로 가라는 뜻?… "화살표가 필요해요"〉란 포털뉴스 제목이 눈에 들어왔어요. "왼쪽으로 가라는 거 아닌가요? 그냥 저기가 입구란 뜻인가? 헷갈리네요"라고 응하는 한 시민은 비상시에는 깜깜한 상황에서 저 유도등만 보고 가야 하는데 순간 헷갈릴 수 있겠다 싶다고도 얘기합니다. 기사는 강남과 서초, 송파에 있는 건물 30여 곳을 살펴보니, 출구를 화살표로 알린 곳이 두 군데밖에 없었다고 합니다. '런닝맨' 유도등에 화살표를 덧붙이면 이해하기 쉬울 거라는 논문도 덧붙이고요. 수많은 이가 스치고만 갔던 물음을 꺼내어 우리를 일깨운 기자님 고마워요.

싸움이 크게 번지는 것을 막은 물음도 있어요. 800만 명에 가까운 난민을 낸 시리아 내전. 2013년 8월 시리아 정부군이 화학무기를 뿌려서 1,300여 시리아 사람들이 숨을 거둡니다. 국제사회가 앞다퉈 시리아가 살상 무기를 모두 내놔야 한다고 외칩니다. 미국 하원은 시리아를 공습하기로 하고 상원에서 받아들이기를 기다리는데, 미 국무장관 존 케리가 기자회견을 합니다.

"공습은 언제 이뤄집니까?"

"피해 규모는 얼마나 될까요?"

"시리아 맞대응은 고려하지 않습니까?"

물음이 이어지고 팽팽한 긴장이 흐르는데, 한 기자가 조용히 손을 듭니다.

"시리아가 공습받지 않으려면 어찌해야 할까요?"

기자회견장은 찬물을 끼얹은 듯 조용해지고, 얼토당토않은 물음이냐는 듯 비웃음마저 터집니다. 한참을 잠자코 있던 케리 국무장관이 이윽고 말문을 엽니다.

"시리아가 가지고 있는 살상 무기를 다 내놓는다면 공습은 없을 겁니다. 그런데 시리아가 그렇게 할지는 모르겠군요."

몇 시간 뒤 러시아 외교부 장관이 말합니다.

"시리아는 가지고 있는 살상 무기를 국제기구 감시 아래 차차 없애길 바랍니다."

곧바로 시리아 외교부 장관이 이 말을 받습니다.

"살상 무기를 모두 내놓겠습니다."

이틀 뒤 미국 대통령은 시리아 공습을 하지 않겠다고 말합니다. 위기에서 벗어날 물꼬를 튼 건 협상도 전쟁도 아닌 물음 한마디였습니다. 기자들이 앞다퉈 송고합니다.

"수백만 명을 살린 미국 기자"

"그를 비웃은 이 누구인가?"

"진정한 외교를 알리다!"

이 사람은 CBS 앵커이자 기자 마거릿 브레넌입니다.

"긴박했던 그때 어떻게 그렇게 물을 수 있었어요?"

"정말 제가 공습을 막았을까요? 글쎄요, 그냥 궁금했어요. 애먼 사람들이 죽어 나가는 걸 막을 순 없는지…."

참 결 고운 물음입니다. 우리 아이들이 다리 쭉 뻗고 살아갈 수 있는 누리 결을 빚으려면 어떤 물음을 던져야 할까요?

다섯 해나 지면을 내준 《불교문화》 고영인 편집장 그리고 많은 꼭지에서 글을 고르고 간추리고 길닦아 준 김영사 태호 차장, 고마워요.